よくわかる 3次元CAD
SOLIDWORKS
演習 図面編

CADRISE／㈱アドライズ【編】

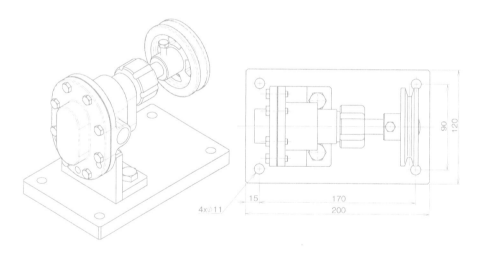

4x∅11　15　170
200
90
120

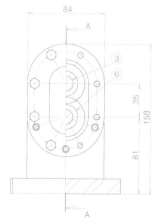

84
A
3
6
35
158
81
A

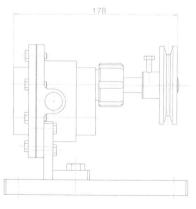

178

日刊工業新聞社

はじめに

　最近、インターネットや雑誌、書籍などのメディアで「デジタルトランスフォーメーション（DX）」という言葉を頻繁に見かけるようになりました。ものづくりにおいては、優れた職人の技能に依存していた製造方法をデジタル化することによって組織にノウハウとして蓄積し、さらにその作業を標準化することで、生産効率を向上させようとする取り組みがあります。

　また、自動車、精密機器、情報機器、工作機械、電機・電子など、あらゆる製造業の分野においては、3次元（3D）CAD設計が定着し、3Dモデルを製造に利用するようになってきました。一般に、設計部門で作成した3Dデータでは、材質、公差、表面仕上げ、注記など、設計者が意図する製品製造情報（PMI：Product Manufacturing Information）を十分に表現することができないため、PMIを盛り込んだ2次元（2D）図面も合わせて作成し、製造部門に受け渡しています。

　ものづくりのさらなる効率化のためには、現在併用している3Dデータと2D図面のPMIを集約し、迅速に製造部門へと伝達することが求められます。将来的には3Dモデルに製品製造情報（PMI）を付加した3D図面（MBD：Model Based Definition）のツールが普及し、3D図面の規格の整備が進むことで、3D図面（MBD）による情報伝達が主流になると考えています（本書ではSOLIDWORKS MBDの概要を紹介していますので参照ください）。

　しかし現在は、2D図面によって製品製造情報（PMI）を伝達する手段が主流であり、将来、3D図面（MBD）に置き換わったとしてもPMIを付加する作業は必須であることから、2D図面を描く技術の重要性は今後も変わらないといえるでしょう。

　本書は、3DCADのSOLIDWORKS（ソリッドワークス）による2D図面の作図方法を習得したい方を対象として、「図面ドキュメント」にポイントを絞って解説したテキストです（本書は、SOLIDWORKS2020を使用しています）。

〈本書の主な3つの特徴〉
○SOLIDWORKSの図面ドキュメントに特化した解説テキスト
○豊富なビジュアルを使用しており、わかりやすい
○手順に沿って進めることで、部品図から組立図まで一通りの図面を作成できる

　本書は、SOLIDWORKSによる実践的な機械製図を解説するため、題材に「歯車ポンプ」という機械を採用しています。最初に、歯車ポンプを構成する部品の作図（部品図）を通して、図のレイアウト、寸法入力、図枠レイアウト、注記入力など、使用するコマンドと操作手順を習得します。そして、歯車ポンプのアセンブリの作図（組立図）を通して、部品表の配置、断面図の作図、プロパティを図枠の各タイトルに連携表示する方法など、便利な機能に触れていきます。

　本書を手にとって開いたときに、"この本ならやれそう"と思っていただけるようにビジュアルを多用し、わかりやすさにこだわりました。さらに、作図のための操作が自然に習得できるようにチュートリアル方式を採用し、独学でも学びやすい構成を目指しました。

　SOLIDWORKSを活用される多くの方々にとって、本書がお役に立てることを心から願っています。最後に、本書の執筆にあたりご協力いただきました方々に感謝を述べるとともに、出版にあたりご尽力いただきました日刊工業新聞社に厚く御礼を申し上げます。

2020年3月

株式会社アドライズ　代表取締役　牛山直樹

本書の使用方法

作図ナビページ

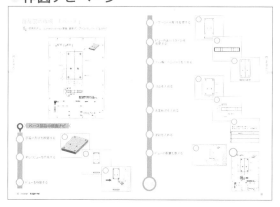

本書は、3Dモデルから図面を作成する手順を演習形式で解説しています。

演習で使用するトレーニングデータの入手方法は、次ページの「トレーニングデータの準備」を参照ください。

また、トレーニングデータはSOLIDWORKS2015で作成しています。

●作図ナビ
図面作成の流れを視覚的に把握できるページです。

操作ページ

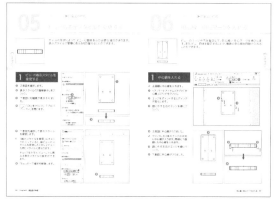

●操作ページ
操作手順の番号に沿って、操作画面を確認しながら作成を進めます。
✔は要点や機能の解説をしています。
！は注意が必要な箇所を解説しています。

作図課題ページ

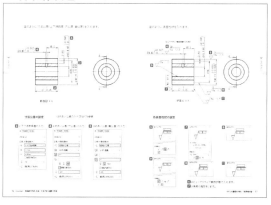

●作図課題
解説した操作を課題形式で練習します。

トレーニングデータの準備

本書で使用するトレーニングデータは下記URLよりダウンロードします。本書ではデスクトップに保存しています。

https://cadrise.jp/bookzumen/　　　パスワード　zumen2103

❶ ダウンロードしたzipファイルを右クリックして[すべて展開]を選択します。

❷ [参照]をクリックします。

❸ 展開先のフォルダにデスクトップを選択して[フォルダーの選択]をクリックします。

❹ [展開]をクリックして展開します。

❗ 本書では、トレーニングデータフォルダ「zumen-training」をデスクトップに保存して解説しています。

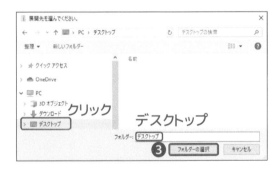

📁 **zumentrainingフォルダ構成**

📁 **演習 _ 歯車ポンプ**
Chapter2 ～ Chapter5 で使用するモデルが入っています。また、本書で作成した図面をこのフォルダに保存します。

📁 **演習 _ 設定編**
Chapter6 で使用するデータが入っています。

📁 **解答**
本書で作成する図面の解答ファイルが入っています。

📁 **図面テンプレート**
演習で使用する図面テンプレートと、シートフォーマットが入っています。

※**演習用のモデル、図面テンプレートは SOLIDWORKS2015 で作成しています。**

目 次

概要
SOLIDWORKS 予備知識

1

01 3DCADとは

●3DCADとは

仮想の3次元空間上に「縦」「横」「奥行き」のある立体的な形状を作っていくツールのことです。この3次元空間上に作成した形状を3Dモデルと呼び、形状が立体的に検証できるという優れた特徴を持っています。

この3Dモデルの情報を活用することで、「設計段階での高度な検証」「製作現場との速やかな連携」「プレゼンテーションへの利用」など多くの可能性が広がります。

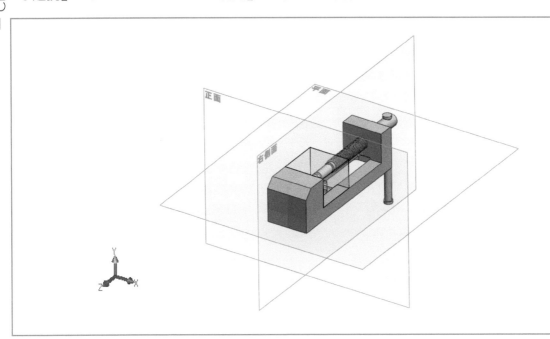

●3DCADの特徴

3DCADには、次のような優れた特徴があります。

形状がわかりやすい

3Dモデルは、製品の形状や構造を容易に理解することができます。このわかりやすさは、製品の情報を他部門へ伝達するのに効果的で、早い段階からの正確なデザインレビューを可能にします。

作成と編集に強い

製品を表現するとき、2D製図では3面図（正面、平面、側面）をそれぞれ描く必要があります。一方、3Dモデルであれば、図形を1つのモデルに集約できます。さらに、パラメトリック修正機能を上手に活用することで、効率良く作成・編集することができます。

三面図　　　　　　　　　　　　　　　　3Dモデル

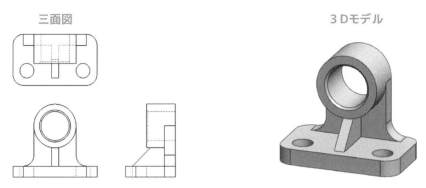

正確な図面

3Dモデルがあれば、容易に図面の各図の作成ができます。モデルと図には参照関係があり、モデルに変更を加えると図面にも反映されるため、モデルと図面に矛盾が生じません。

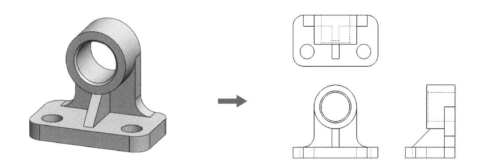

技術計算が速やかにできる

3Dモデルは体積情報を持っているため、材質の物性値を設定することによって、重量と重心をすばやく計算することができます。さらに部品と部品が干渉している箇所を一瞬で見つける干渉認識機能は、設計品質の向上に役立ちます。

質量特性機能による重量・重心調査

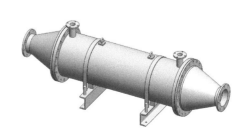

●広がる3Dの活用範囲

近年のものづくりにおいて、3Dモデルは設計部だけのものではなく、企画から設計・開発、生産、販売とプロダクト全体へとその活用範囲を広げています。

デザイン
設計
開発

CAD

Computer Aided Design の略で、コンピューター支援による設計という意味。

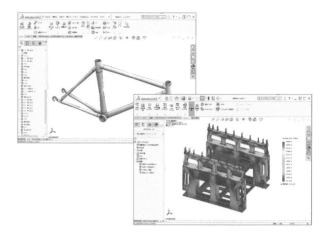

CAE

Computer Aided Engineering の略で、強度、熱、振動、流体など、さまざまな模擬実験をコンピューター上で行う技術。

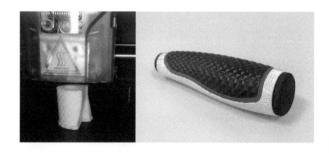

試作

RP

Rapid Prototyping の略で、3Dモデルなどのデータから、実際の品物をすばやく製作する技術のこと。3Dプリンター、光造形装置、3D切削装置などがある。

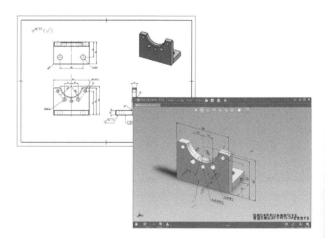

生産

2D図面

3Dモデルから2Dの製作図面を作成。

3D図面

MBD(Model Based Definition:モデルベース定義)は3Dモデルに製品製造情報を付加して表現するツール。3Dモデルを活用し、製造まで3Dモデルで完結させようという働きが進んでいる。

販売

レンダリング

3Dモデルに色や素材の質感、光源などの情報を与え処理する技術。実物のようなリアルな画像が作成できパンフレットや製品パッケージに利用されている。

3S SOLIDWORKS | Visualize

SOLIDWORKS の特徴

● 履歴型の3DCAD

SOLIDWORKSは、3Dモデルを作成する過程を履歴として残していく3DCADソフトです。モデルは単純な形状を複数組み合わせることにより作成されます。この一つひとつの単純な形状を「フィーチャー」といいます。

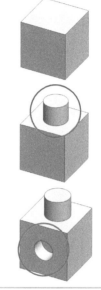

1. 基礎を作ります

▶ 🗊 ボス - 押し出し1

基礎のフィーチャーが追加される

2. 突起を追加します

▶ 🗊 ボス - 押し出し1
▶ 🗊 ボス - 押し出し2

突起のフィーチャーが追加される

3. 穴を追加します

▶ 🗊 ボス - 押し出し1
▶ 🗊 ボス - 押し出し2
▶ 🗊 カット - 押し出し1

穴のフィーチャーが追加される

● パラメトリック機能

パラメトリックとは、数を変化させるという意味で使われます。SOLIDWORKSでは、スケッチやフィーチャーの寸法を変更することにより、形状を変化させることができます。履歴をさかのぼって形状を変化させることができるので、設計の検討や変更に役立ちます。

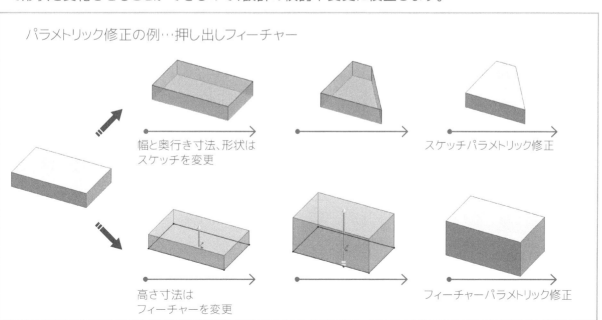

パラメトリック修正の例…押し出しフィーチャー

幅と奥行き寸法、形状はスケッチを変更

スケッチパラメトリック修正

高さ寸法はフィーチャーを変更

フィーチャーパラメトリック修正

●ドキュメントの種類

SOLIDWORKSでは、「部品」「アセンブリ」「図面」という3種類のドキュメントを扱います。

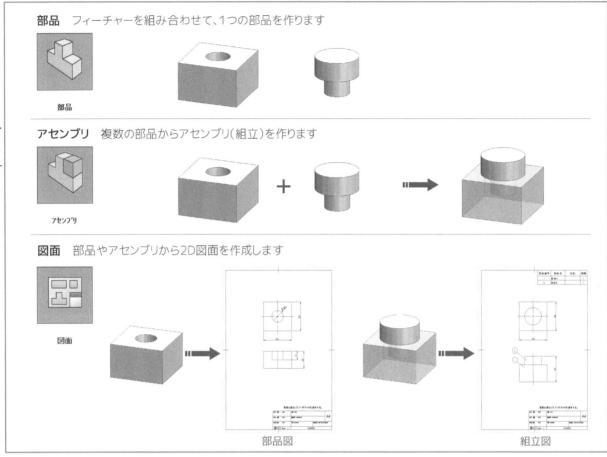

部品 フィーチャーを組み合わせて、1つの部品を作ります

部品

アセンブリ 複数の部品からアセンブリ（組立）を作ります

アセンブリ

図面 部品やアセンブリから2D図面を作成します

図面

部品図　　　　　　　　　　　　　　　　組立図

●ドキュメントの参照関係

SOLIDWORKSの3種類のドキュメントである、部品、アセンブリ、図面は互いに参照関係を持っています。例えば部品を変更すると、その変更内容がアセンブリや図面にも反映されます。

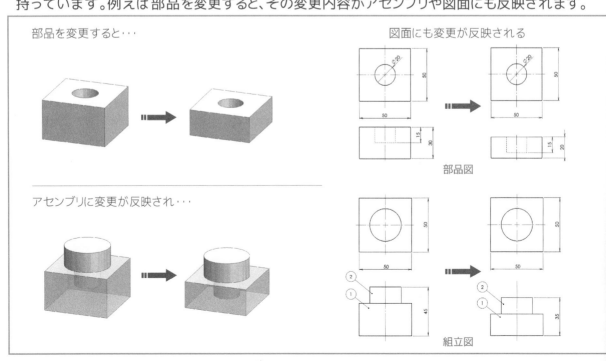

部品を変更すると・・・

図面にも変更が反映される

部品図

アセンブリに変更が反映され・・・

組立図

Chapter 1

準備
図面ドキュメントの操作方法

Visual index
3Dモデルから図面を作成しよう

「歯車ポンプ」とは歯車の歯のかみ合わせ部分を使って流体を輸送するポンプです。油圧ショベル（パワーショベル）など、油圧を使った機械の駆動用として、一般的に使用されています。本書では3Dモデルから2D図面（部品図、組立図）を作成する操作を解説していきます。

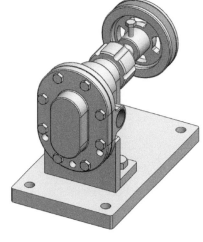

Chapter5
歯車ポンプ組立

Chapter4
本体

カバー

Chapter4
軸1

軸2

Chapter4
平歯車1

平歯車2

Chapter4
Vプーリ

ナット

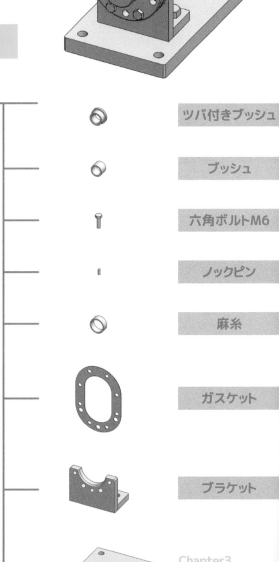

ツバ付きブッシュ

ブッシュ

六角ボルトM6

ノックピン

麻糸

ガスケット

ブラケット

Chapter3
ベース

六角ボルトM10

Chapter2

デフォルトの図面テンプ
レートを使い矢印のサイズ
や、フォントなどの設定をし
ます。

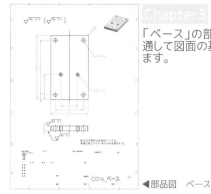

Chapter3

「ベース」の部品図作成を
通して図面の基本を習得し
ます。

◀部品図　ベース

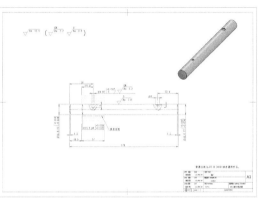

▲部品図　軸1

▼部品図　Vプーリ

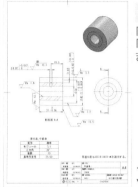

Chapter4

「軸1」、「平歯車1」、「Vプーリ」、
「本体」の部品図の作成を通してさ
まざまな図を作成します。

◀部品図　平歯車1

▼部品図　本体

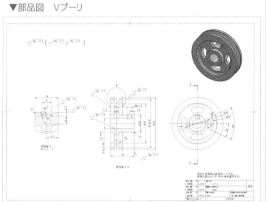

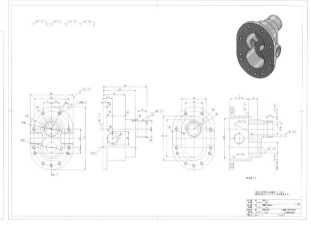

Chapter5

「歯車ポンプ」の組立図を作成しま
す。

Chapter6

図面ドキュメントのテンプレートを作成
し、サンプル図面を作って確認します。

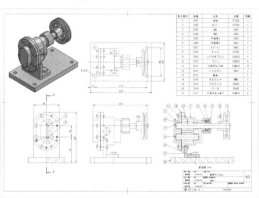

▲組立図　歯車ポンプAssy

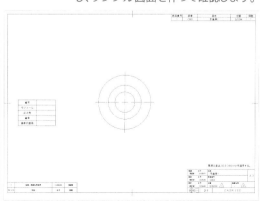

▲テンプレートを用いたサンプル図面

Chapter 2

17

01

図面ドキュメントの画面構成

SOLIDWORKSの図面ドキュメントの画面構成を確認して、Command-Managerと呼ばれるツールバーなどの設定を行います。図面ドキュメントは「図面シート」と「シートフォーマット」の2つの編集モードを切り替えて作成します。

Chapter 2

1 新しく図面ドキュメントを開く

❶ 　SW　SOLIDWORKSを起動します。
スタートボタンからSOLIDWORKSを起動するには、

✔ **スタートボタン**
→SOLIDWORKS2020
→SOLIDWORKS2020

❗ **「ようこそ-SOLIDWORKS」のダイアログボックスはver.2018から起動直後に開くようになりました。ここでは閉じるボタンで閉じます。**

❷ メニューバーの「新規」をクリック。

❸ 「新規SOLIDWORKSドキュメント」のダイアログボックスが現れます。

❗ **アドバンス表示になっている場合は「ビギナー」をクリックしてビギナー表示に切り替えます。**

❹ 「図面」ドキュメントを選択します。

❺ 「OK」をクリック。

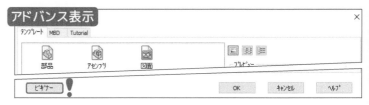

⑥ 「シートフォーマット/シートサイ
　ズ」のダイアログボックスが現れ
　ます。

⑦ 標準シートサイズの中から
　「A4(JIS)」を選択します。

✔ 「標準フォーマットのみ表示」の
　チェックを外すと他のフォーマット
　も選択できるようになります。

⑧ 「OK」をクリック。

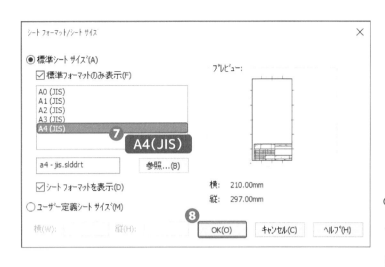

⑨ 新しく図面ドキュメントが開きま
　した。

⑩ 自動的に「モデルビュー」コマン
　ドが開始します。

! 「モデルビュー」コマンドのオプシ
　ョンにチェックが入っているとコマ
　ンドが自動開始します。

⑪ 「キャンセル」をクリックしコマン
　ドを終了します。

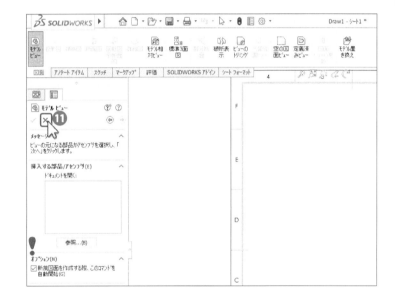

2 図面ドキュメントの画面構成を確認する

✔ 図面ドキュメントの画面構成を確
　認します。

✔ 紙面上、図がわかりやすくなるよ
　うに「図面、用紙の色」設定を変
　更しています。

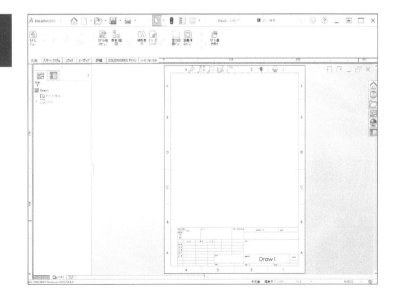

図面ドキュメントの画面構成

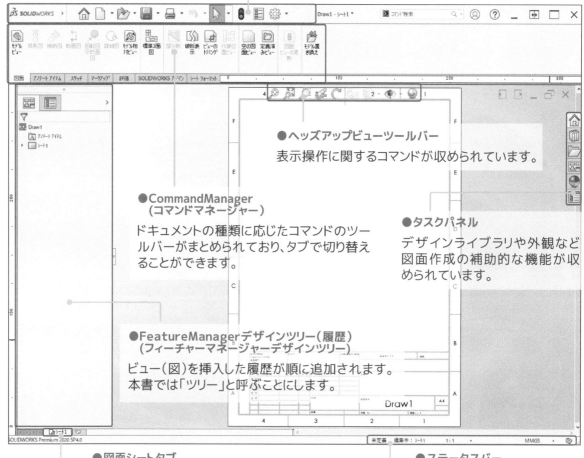

● **メニューバー**

最もよく使うコマンドのアイコンが並んでおり、SOLID-WORKSロゴをポイントするとメニューが表示されます。

● **ヘッズアップビューツールバー**

表示操作に関するコマンドが収められています。

● **CommandManager**
（コマンドマネージャー）

ドキュメントの種類に応じたコマンドのツールバーがまとめられており、タブで切り替えることができます。

● **タスクパネル**

デザインライブラリや外観など図面作成の補助的な機能が収められています。

● **FeatureManagerデザインツリー（履歴）**
（フィーチャーマネージャーデザインツリー）

ビュー（図）を挿入した履歴が順に追加されます。
本書では「ツリー」と呼ぶことにします。

● **図面シートタブ**

図面シートタブでシートを追加します。シートを追加することで部品図と組立図など複数の図面を1つの図面ドキュメント内に作成できます。

● **ステータスバー**

現在実行している機能に関連した情報が表示されます。

---

3 メニューバーを固定する

❶ 図のSOLIDWORKSロゴにマウスポインタを合わせます。

❷ 隠れていたメニューが表示されます。

❸ ピンをクリックして固定します。

✓ 本書では紙面の関係上メニューを非固定にしています。

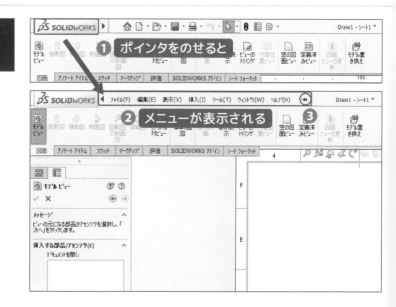

4 CommandManager の設定をする

✔ CommandManagerとはコマンドツールバーをまとめたもので、タブを切り替えてコマンドを選択します。

❶ CommandManagerに次のタブがあることを確認します。

　<図面>
　<アノテートアイテム>
　<シートフォーマット>

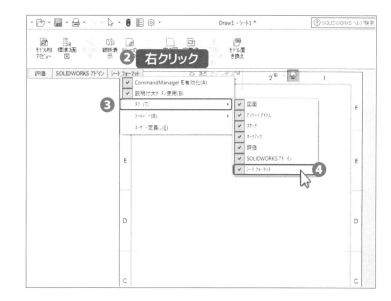

✔ タブが表示されていない場合は次の手順で表示します。

❷ CommandManagerのタブの上で右クリック。

❸ 「タブ」をクリック。

❹ 表示させたいタブにチェックを入れます。

✔ チェックを外したタブは非表示になります。

✔ <シートフォーマット>タブはver.2016から追加されました。

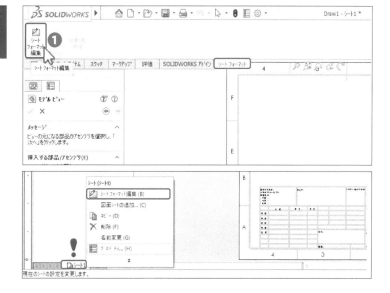

5 編集モードを切り替える

✔ 「図面シート編集」と「シートフォーマット編集」を切り替えます。

❶ <シートフォーマット>タブの「シートフォーマット編集」コマンドをクリック。

! ver.2015以前は画面左下の<シート>タブの上で右クリックしてメニューから「シートフォーマット編集」をクリックします。

Chapter 2

「図面シート」と「シートフォーマット」

図面ドキュメントには「図面シート」と「シートフォーマット」の2つの編集モードがあります。

●図面シート

ビューと呼ばれる図や寸法(アノテートアイテム)などを作図、編集するモードです。

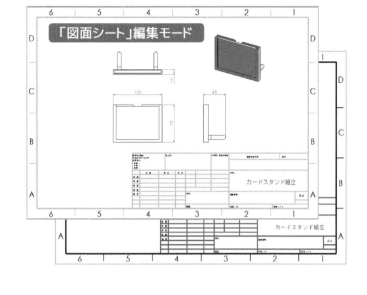

●シートフォーマット

シートフォーマット(図枠)を作図、編集するモードです。

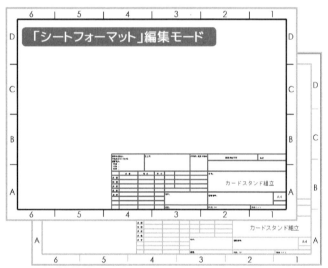

「図面シート」と「シートフォーマット」のそれぞれの編集モードに切り替えて作業をします。

---

❷ 「シートフォーマット編集」に入りました。

✔ 表題欄の線などが編集できるようになります。

✔ 「図面シート編集」に戻ります。

❸ 画面右上の「シートフォーマット編集終了」をクリック。

❹ 「図面シート編集」に戻りました。

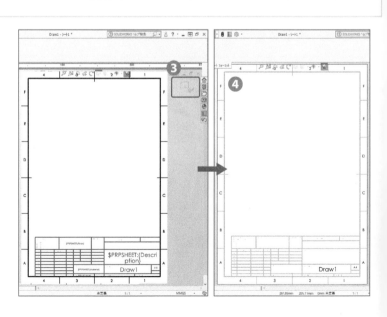

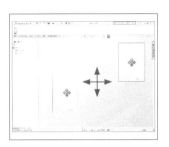

図面ドキュメントの表示操作を確認する

図面ドキュメントでは、表示の拡大縮小や移動などが、マウスによる操作で効率的に行えます。また、ヘッズアップビューツールバーには、表示操作に関するコマンドが集められています。

Chapter 2

1 表示の拡大縮小

❶ マウスホイールを奥に転がすと

❷ ポインタのある位置を中心に縮小します。

❸ マウスホイールを手前に転がすと

❹ ポインタのある位置を中心に拡大します。

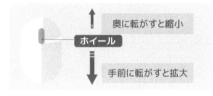

奥に転がすと縮小
ホイール
手前に転がすと拡大

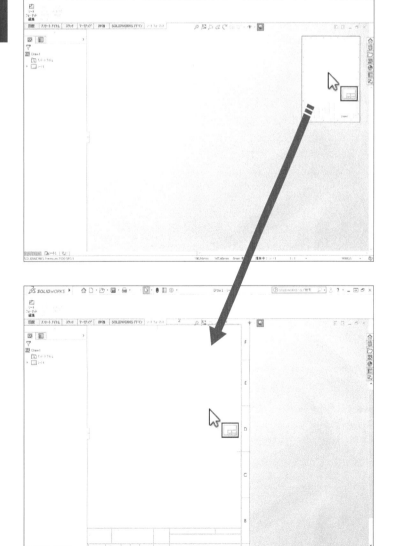

2 表示の平行移動

❶ マウスホイールをドラッグすると

❷ 図面の大きさは変わらずに「平行移動」します。

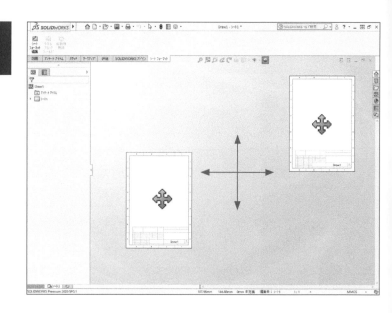

3 ウィンドウにフィット

❶ ヘッズアップビューツールバーの「ウィンドウにフィット」をクリック。

✔ マウスホイールをダブルクリックしても「ウィンドウにフィット」します。

ホイールを
ダブルクリック

❷ 図面がウィンドウに合わせた大きさになります。

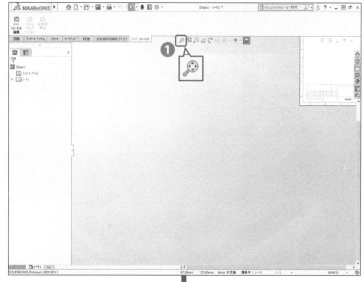

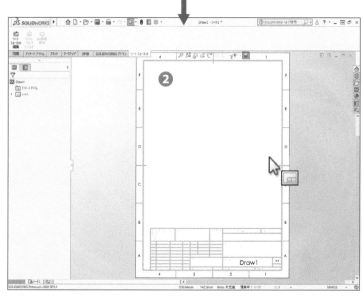

03

図面の設定

図面作成の準備として、図面の投影法や使用される文字フォント・矢印などを設定します。設定には、SOLIDWORKSシステムに行うオプション設定と、現在作成中のドキュメントに行うプロパティ設定があります。

オプション設定前

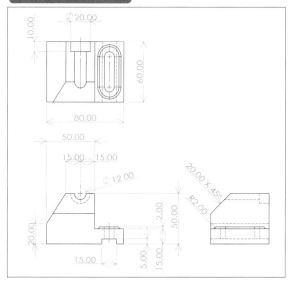

オプション設定後

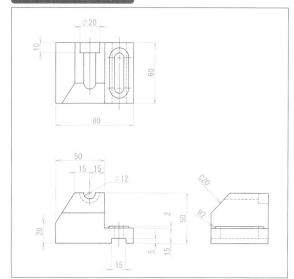

1 システムオプションの設定

❶ メニューバーの 「オプション」をクリック。

❷ システムオプション設定画面が現れます。

❸ 「デフォルトテンプレート」をクリック。

❹ 「ドキュメントのテンプレートを選択するようプロンプト表示」にチェックを入れます。

システム オフ゜ション(S) - テ゛フォルト テンフ゜レート ❷

システム オフ゜ション(S) ト゛キュメント フ゜ロハ゜ティ(D)

一般
MBD
図面
　表示スタイル
　領域のハッチング /フィル
　パ フォーマンス
色
スケッチ
　拘束 /スナップ
ティスフ゜レイ
選択
パ フォーマンス
アセンフ゛リ
外部参照
テ゛フォルト テンフ゜レート ❸
ファイルの検索
FeatureManager

これらのテンフ゜レートは、SOLIDWORKS でテンフ゜レートについてフ゜ロンフ゜トが表示されない作
SOLIDWORKS ト゛キュメント タ゛イアロク゛ ホ゛ックスのヒ゛キ゛ナー モート゛で使用されます。

部品(P):
C:¥ProgramData¥SolidWorks¥SOLIDWORKS 2020¥templates¥部品.

アセンフ゛リ(A):
C:¥ProgramData¥SolidWorks¥SOLIDWORKS 2020¥templates¥アセンフ゛

図面(D):
C:¥ProgramData¥SolidWorks¥SOLIDWORKS 2020¥templates¥図面.

○ テ゛フォルト テンフ゜レートを常時使用(U)
◉ ト゛キュメントのテンフ゜レートを選択するようフ゜ロンフ゜ト表示(S) ❹

オプションの設定

SOLIDWORKSの設定にはシステムオプションと、ドキュメントプロパティの2つがあります。

メニューバーのオプション
をクリックします

●システムオプション

システムオプションは、SOLIDWORKSの
システムに関する設定で、SOLIDWORKS
を終了しても有効です。

また、CommandManagerなど、コマンドに
関する設定もシステムオプションと同様
の扱いになります。

<システムオプションでよく扱う項目>

・色(モデルウィンドウ背景の設定)

・デフォルトテンプレート(各種ドキュメント
　の使用するテンプレートの設定)

・キーボードショートカット

・メニューのカスタム化

・ツールバーレイアウト

●ドキュメントプロパティ

部品　　アセンブリ　　図面

ドキュメントプロパティは現在開いている
ドキュメントに対して設定されます。設定
を行った各種ドキュメント(部品、アセンブ
リ、図面)はテンプレートとして保存できま
す。

<ドキュメントプロパティでよく扱う項目>

・設計規格(使用する規格の設定)

・寸法(使用するテキストのフォントや矢印
　の設定)

・単位(使用する単位系の設定)

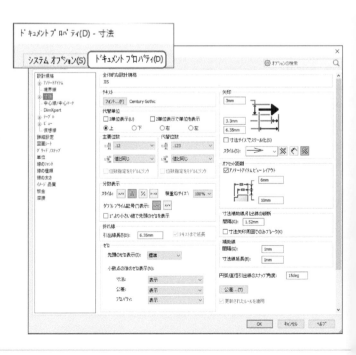

⑤ 「図面」>「表示スタイル」をクリック。

⑥ 正接エッジの項目の「削除」にチェックを入れます。

❗ 正接エッジとは、フィレットのようなラウンドした面と隣接する面間のエッジです。

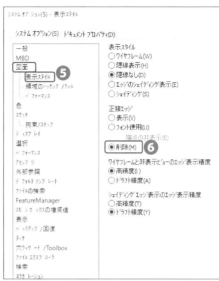

正接エッジ

正接エッジ「削除」

正接エッジ「表示」

---

2 ドキュメントプロパティの設定

① <ドキュメントプロパティ>タブをクリック。

② ドキュメントプロパティの項目に切り替わります。

✔ アノテートアイテムの設定をします。

③ 「アノテートアイテム」をクリック。

④ テキストの項目の「フォント」をクリック。

⑤ 「フォント選択」のダイアログボックスが現れます。

✔ 図のように設定します。

⑥ フォント： MSゴシック

　　スタイル： 標準

　　サイズ： 3.5mm

❗ フォントの頭文字のMSと入力すると簡単に検索できます。

⑦ 「フォント選択」のダイアログボックスの「OK」をクリック。

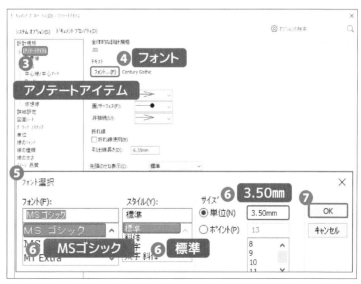

✔ **寸法の設定をします。**

❽ 「寸法」をクリック。

✔ **図のように設定します。**

❾ フォント: MSゴシック

　スタイル: 標準

　サイズ: 3.5mm

❿ 「フォント選択」のダイアログボックスの「OK」をクリック。

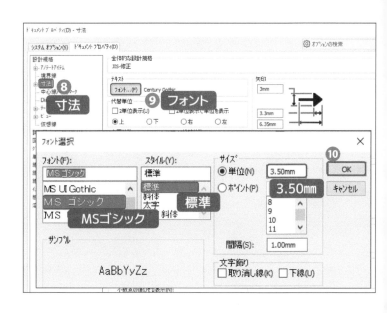

✔ **矢印の項目の数値を変更します。**
　図のように設定します。

⑪ 矢印のサイズ: 1.2mm

　　　　　　　3.2mm

　　　　　　　4.2mm

⑫ スタイルを「開矢印」にします。

⑬ ゼロの項目で「小数点の後のゼロ表示」の寸法を「削除」にします。

✔ **アラートメッセージが現れた場合には「OK」をクリックします。**

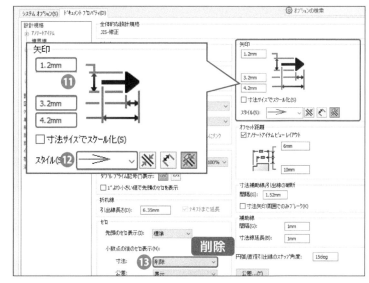

✔ **面取り寸法の設定をします。**

⑭ 寸法の「+」ボタンをクリック。

⑮ 「面取り」をクリック。

⑯ 「テキスト位置」を「角度付き、下線付きテキスト」にします。

⑰ 面取りテキストフォーマットの項目で「C1」にチェックを入れます。

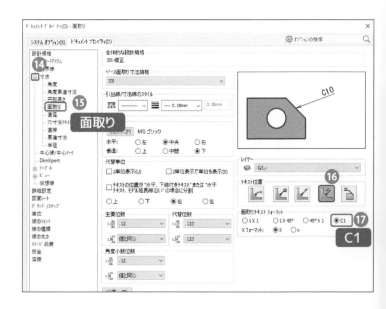

Chapter 2

✔ **直径寸法の設定をします。**

⑱ 「直径」をクリック。

⑲ テキスト位置の項目で「破線引出線、水平テキスト」にします。

⑳ 「詳細設定」をクリック。

㉑ 「ビューの作成時に自動的に挿入」の項目で「中心マーク穴-部品」のチェックを外します。

㉒ 「OK」をクリック。

㉓ システムオプションとドキュメントプロパティの設定ができました。

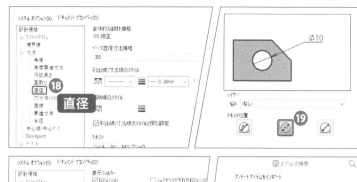

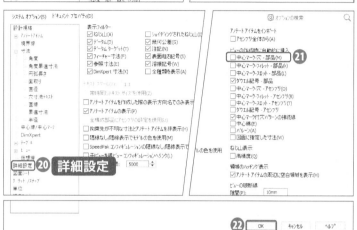

---

3 投影法の設定

✔ **投影タイプを第3角法に設定します。**

❶ ＜シート＞タブを右クリックしてメニューを表示します。

❷ 「プロパティ」をクリック。

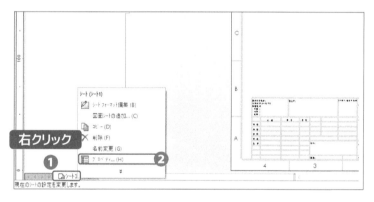

❸ 「シートプロパティ」のダイアログボックスが現れます。

❹ 投影図タイプに「第3角法」が選択されていることを確認します。

❺ 選択されていたら「キャンセル」をクリック。

✔ 変更した場合は「変更を適用」をクリックします。

❻ シートに設定が適用されました。

✔ シートプロパティでは図面のシートサイズ、尺度、投影法、図枠などの設定ができます。

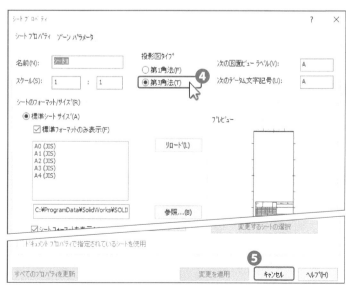

04

ドキュメントを保存する

設定が終了した状態のドキュメントを、一旦保存します。参照モデルと同じ階層に保存して、参照関係を管理しやすくします。

1　ドキュメントを保存する

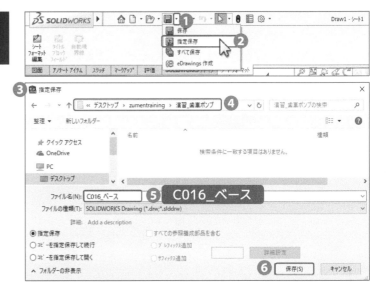

❶ メニューバーの「保存」の▼をクリック。

❷ 「指定保存」をクリック。

❸ 「指定保存」ダイアログボックスが開きます。

❹ 保存先に「演習_歯車ポンプ」フォルダを選択します。

❺ ファイル名に「C016_ベース」と入力します。

❻ 「保存」をクリック。

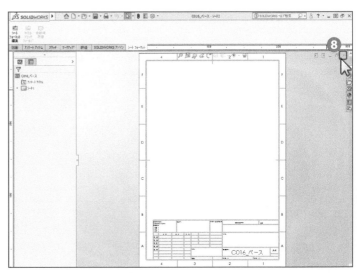

❼ 図面ドキュメントに名前をつけて保存できました。

✔ SOLIDWORKSでは、部品・アセンブリ・図面の3つのドキュメントが、互いに参照関係を持っています。この参照関係を絶たないように管理しやすくするため、参照モデルと同じフォルダ内の同じ階層に保存します。

❽ 図面ドキュメントを閉じます。

Chapter 3

部品図の作成
図面作成の基本

部品図の作成 「ベース」

使用モデル：zumentraining>演習_歯車ポンプ>C016_ベース.SLDPRT

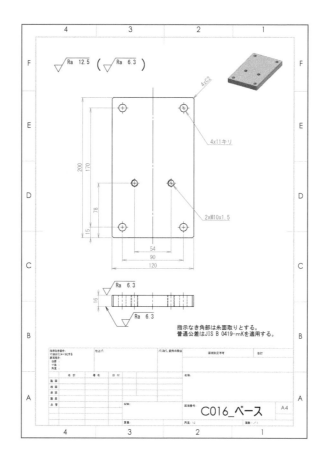

ベース部品の図面ナビ

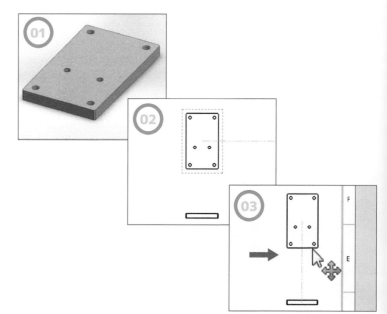

01 部品の形状を確認する

02 新しくビューを作成する

03 ビューを移動する

04 スケール(尺度)を変更する

05 ビューの表示スタイルを
変更する

06 中心線/ 中心マークを入れる

07 寸法を入れる

08 表面性状を入れる

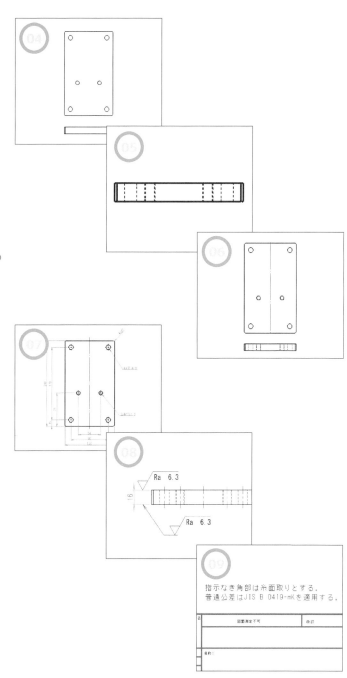

09 注記を入れる

指示なき角部は糸面取りとする。
普通公差はJIS B 0419-mKを適用する。

図面測定不可		みほ
名称:		

10 ビューの配置を整える

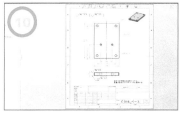

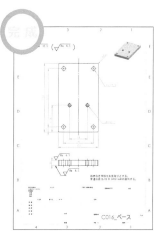

完成

01

部品の形状を確認する

図面を作成するモデルの部品ドキュメントを開きます。表示スタイルを操作したり、モデルの向きなどを見て、図面化のイメージを確認します。

1 部品を開く

❶ メニューバーの「開く」をクリック。

❷ 「開く」のダイアログボックスが現れます。

❸ ファイルの種類を「SOLIDWORKSファイル(*.sldprt,*.sldasm,*.slddrw)」にします。

❹ 「演習_歯車ポンプ」フォルダから「C016_ベース.SLDPRT」の部品ドキュメントを選択します。

❗ 図の箇所からファイルの表示方法を変更できます。

❺ 「開く」をクリック。

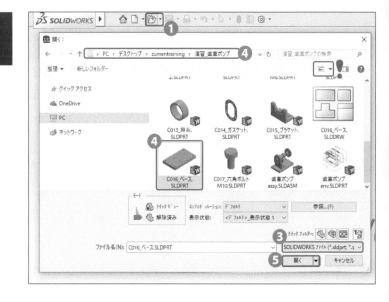

開くドキュメントの種類指定

ドキュメントを開く際に、「ファイルの種類」を指定すると、表示されるドキュメントを絞り込むことができ、選択が容易となります。

アセンブリ、図面、部品などの種類のほか、「SOLIDWORKSドキュメントすべて」という指定もできます。

また、「ファイルの種類」に「すべてのファイル」を指定すると、SOLIDWORKS以外のファイルも選択できます。

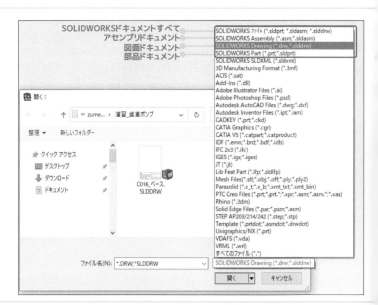

⑥ 「C016_ベース」の部品ドキュメントが開きました。

! 保存のアイコンに「旧バージョンファイル…」のプロンプトが出る場合は、このドキュメントを開いているSOLIDWORKSより、古いバージョンで作成されたことを示しています。

このドキュメントを保存し直した際に、現在のバージョンに変換されます。

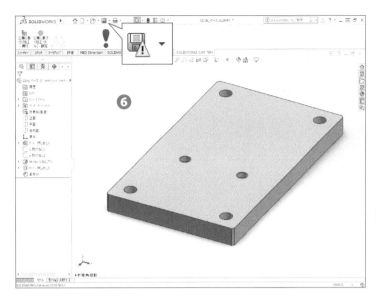

2 部品の形状を確認する

① 「表示スタイル」をクリック。

② 「隠線表示」をクリック。

✔ 「隠線表示」にすると図面に近いイメージで確認ができます。

③ モデルを回転して形状を確認します。

✔ モデルを回転させるには、マウスのホイールボタンを押し込みながら移動させます。

✔ 表示方向を確認します。

④ 「表示方向」をクリック。

⑤ 「平面（上面）」をクリック。

⑥ モデルの平面（上面）が表示されました。

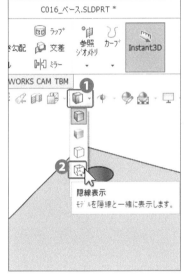

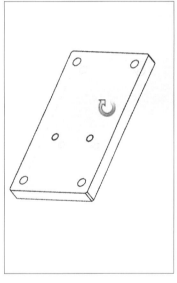

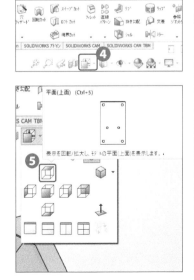

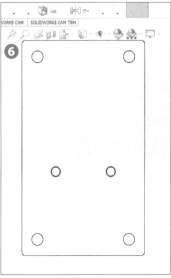

⑦ 「表示方向」をクリック。

⑧ 「正面」をクリック。

⑨ モデルの正面が表示されました。

✓ **モデルと基本3面との位置関係を確認します。**

⑩ 「表示方向」をクリック。

⑪ ▼をクリック。

⑫ 「不等角投影」をクリック。

⑬ 「表示」を「エッジシェイディング表示」に戻します。

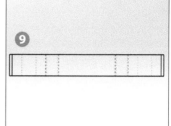

⑭ ツリーから「正面」「平面」「右側面」をCtrlキーを押しながら選択して右クリック。

⑮ メニューから「表示」をクリック。

⑯ 基本平面が表示されました。

✓ **このモデルがどの平面基準で作成されているのかが確認できます。**

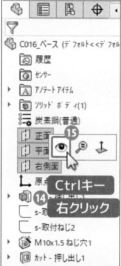

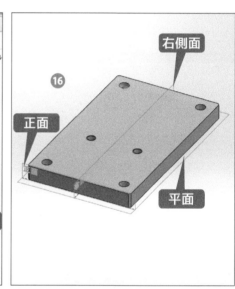

✓ **形状の確認ができたら、保存はせずに部品ドキュメントを閉じます。**

⑰ 画面右上の「閉じる」ボタンをクリック。

⑱ アラートメッセージの「→保存しない」をクリック。

⑲ 部品ドキュメントが閉じました。

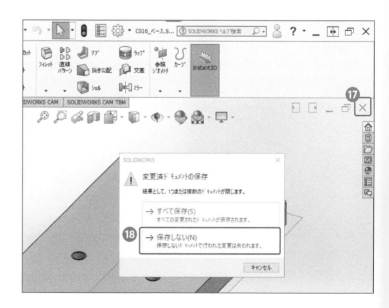

新しくビューを作成する

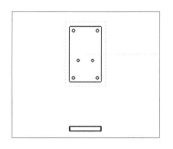

図面に必要なモデルのビューを挿入します。ここでは、正面図と下面図のビューを、投影関係を保って配置しています。

投影法と投影図

●第三角法とは

品物の手前に透明のガラスを設けて、このガラスに図形を投影する方法です。JIS製図では標準の投影法となっており、日本の多くの企業で、機械製図にこの投影法を採用しています。

●三面図とは

図形は品物の特徴を最もよく表す面を正面図として描き、正面図で表せないところを平面図や側面図などで表します。多くの品物は正面図、平面図、側面図で表現することができ、これを三面図と呼んでいます。

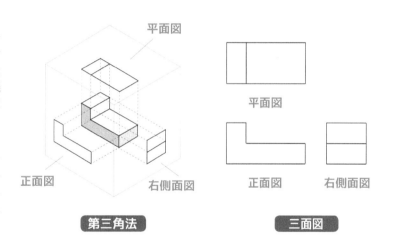

第三角法 ／ 三面図

モデルビュー表示方向

SOLIDWORKSの図面ドキュメントでは、あらかじめ作成されたモデルから、「モデルビュー」などのコマンドで図(ビュー)を投影して作成します。

モデルの表示方向に正面を指定すれば、正面ビューが投影されます。

製図で表したい正面とモデルの正面が異なる場合は、表示方向で適した方向を選択して配置します。

標準表示方向

その他のビュー

不等角投影　両等角投影

1 図面ドキュメントを開く

✔ Chapter2で保存した「C016_ベース」の図面ドキュメントを開きます。

❶ メニューバーの「開く」をクリック。

❷ ファイルの種類を「SORIDWORKS Drawing」にします。

❗ クイックフィルターでも表示するドキュメントの種類を指定できます。

❸ 「演習_歯車ポンプ」フォルダから「C016_ベース.SLDDRW」の図面ドキュメントを選択します。

❹ 「開く」をクリック。

❺ 「C016_ベース」の図面ドキュメントが開きました。

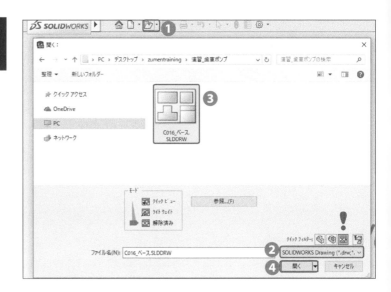

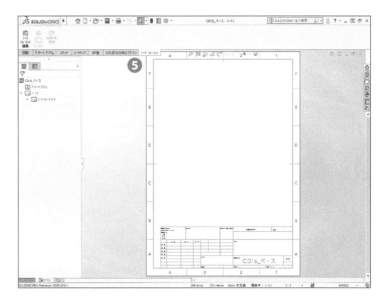

2 新しくビューを作成する

❶ <図面>タブの「モデルビュー」コマンドをクリック。

❷ 「参照」をクリックします。

❸ 「演習_歯車ポンプ」フォルダから「C016_ベース.SLDPRT」の部品ドキュメントを選択します。

❹ 「開く」をクリック。

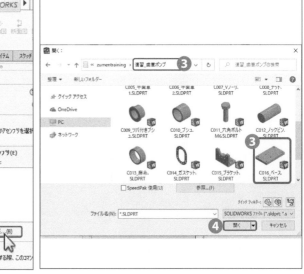

⑤ 「平面」をオンにします。

⑥ 「プレビュー」にチェックを入れます。

⑦ オプションの「投影ビューの自動開始」にチェックを入れます。

⑧ ポインタを図面上に移動すると「正面図（平面ビュー）」が現れます。

✔ 現れた図を「ビュー」と呼びます。

⑨ 図に示す位置でクリック。

⑩ ビューが作成できました。

✔ このビューは、ベース部品ドキュメントの「平面ビュー」ですが、この図面ドキュメントでは「正面図」として扱います。

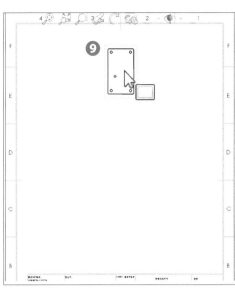

⑪ 続けてポインタを下に移動すると「下面図（正面ビュー）」が現れます。

⑫ 図に示す位置でクリック。

⑬ ビューが作成できました。

✔ ポインタを移動すると、その方向への投影図が現れます。

⑭ 　「OK」をクリックして、コマンドを解除します。

✔ コマンドの解除はキーボードのEscキーでも行えます。

✔ このビューは、ベース部品ドキュメントの「正面ビュー」ですが、この図面ドキュメントでは「下面図」として扱います。

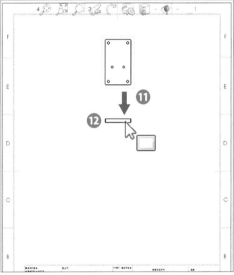

SOLIDWORKSと製図の関係

SOLIDWORKSでは、モデルを作成したときに基本平面とモデルの位置関係が決まります。

モデルの正面方向と、図面化したときの正面図の向きは必ずしも一致しないことがあります。

図面にビューを配置する際には、モデルのどのビューを正面図とするかを考えて表示方向を選択する必要があります。

モデル作成時

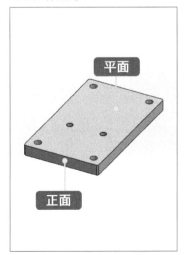

製図時

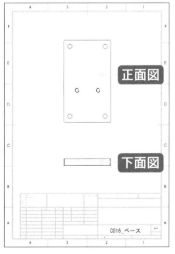

03 ビューを移動する

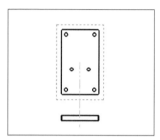

配置したビューには親子関係があります。各ビューを図面内の適した位置に整えます。

1 ビューを移動する

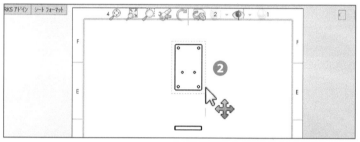

❶ 正面図にポインタを近づけるとビューを囲む破線が現れ、ポインタが変化します。

❷ 破線をドラッグすると、正面図と一緒に下面図も動きます。

✔ **正面図と下面図は投影方向に二点鎖線で結ばれています。**

これは挿入したビューに親子関係があることを意味しており、先に配置した正面図が親ビューとなっています。

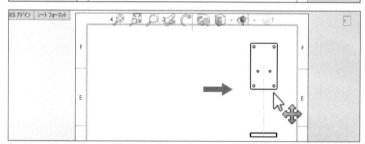

❸ 下面図をドラッグすると下面図だけが動きます。

✔ **下面図は正面図から投影された子の関係になります。**

子をドラッグすると親は固定され、投影方向にのみ移動できます。子が下面図の場合、上下にしか動きません。

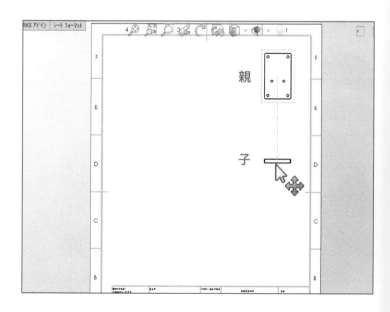

ビューの親子関係

●ビューの親子関係

先に配置したビューから投影ビューを
配置すると、元のビューが「親」、投影
ビューが「子」の関係になります。

「子」ビューは「親」ビューからの投影
方向にのみ移動することができ、表
示スタイルやスケール(尺度)も「親」
ビューの設定に従います。

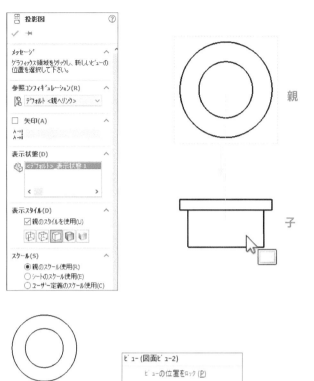

●ビューの整列

ビューは親子関係に従って整列して
います。ビューを配置する際に、投影
方向の配置スペースがない場合など
はビューの整列を解除して、空いてい
るスペースに配置できます。

デフォルト整列解除

「子」ビューの上で右クリックして
「ビューの整列」>「整列解除」を選択
すると「親」ビューとの整列関係がな
くなり、自由に移動ができます。

デフォルト整列

「ビューの整列」>「デフォルト整列」
を選択すると元の整列関係に戻りま
す。

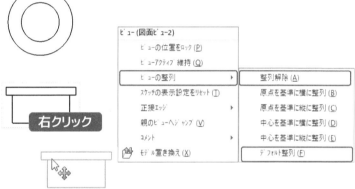

●表示スタイル

表示スタイルで「親のスタイルを使
用」の選択を外すと、個別の設定が
可能になります。

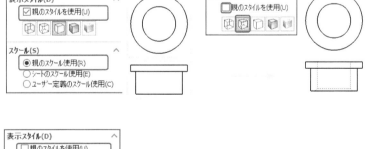

●スケール

スケールには「親のスケール使用」の
他に「シートのスケール使用」、「ユー
ザー定義のスケール使用」があり、そ
れぞれを選択すると「親」と異なる設
定をすることができます。

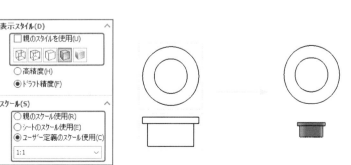

04

スケール（尺度）を変更する

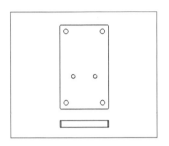

配置したビューには、図面シートに収まるようにSOLIDWORKSが判断した尺度が適用されています。この尺度は必要に応じて変更することができます。

1 図面シート尺度の変更

❶ 図面シートの尺度が右下に表示されています。
現在の尺度は「1:5」です。

❷ 「シート1」タブの上で右クリック。

❸ メニューから「プロパティ」をクリック。

❹ 「シートプロパティ」のダイアログボックスが現れます。

❺ スケールを「1:2」に変更します。

❻ 「変更を適用」をクリック。

❼ 図面シートの尺度が変更できました。

❽ ビューの配置を整えます。

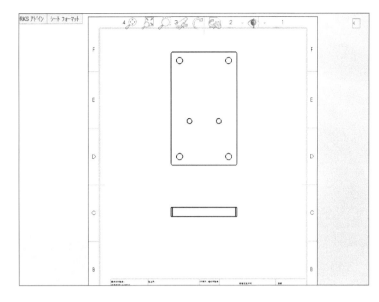

図面ドキュメントの2つの尺度（スケール）

図面ドキュメントには、2つの尺度が存在します。1つは図面シートの尺度、もう1つは図面ビューの尺度です。

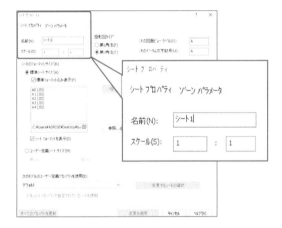

●図面シートの尺度

シートプロパティの中で設定し、シート内の各ビューに適用されます。

●図面ビューの尺度

ビューごとに設定できる尺度です。

配置したビューを選択すると表示されるプロパティで「ユーザー定義のスケール使用」を設定します。

図面では基本的に図面シートの尺度を使い、ビューごとに異なる尺度が混在しないようにします。

シート内で異なる尺度を使いたい場合のみ、そのビューだけに個別の尺度を設定するようにしましょう。

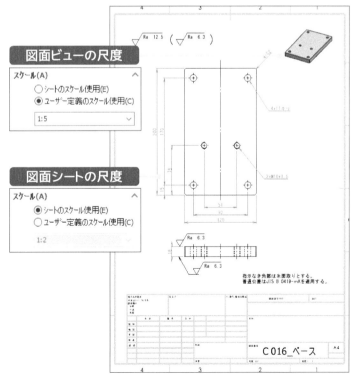

05 ビューの表示スタイルを変更する

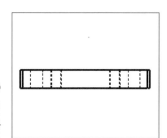

モデルの形状によって、ビューに隠線表示が必要な場合があります。表示スタイルで簡単に表示を切り替えることができます。

1 ビューの表示スタイルを変更する

❶ 正面図を選択します。

❷ 表示スタイルの「隠線表示」をクリック。

❸ 下面図にも隠線が表示されました。

❹ ✔ 「OK」をクリックし、「プロパティ」を閉じます。

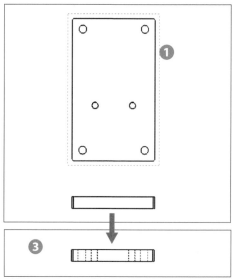

❺ 下面図を選択して表示スタイルを確認します。

❗ 「親のスタイルを使用」にチェックが入っていると、親ビューのスタイルを変更したときに子ビューも同じスタイルに変わります。

チェックを外すと、ビューごとに異なる表示スタイルの設定ができます。

❻ 「Esc」キーで選択を解除します。

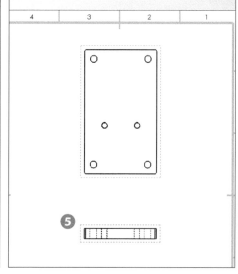

06

中心線 / 中心マークを入れる

ビューのエッジや円を指定して、中心線／中心マークを挿入します。また、ビュー自体を指定することで、複数の中心線を自動で入れることもできます。

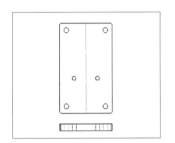

Chapter 3

1 中心線を入れる

✔ **正面図に中心線を入れます。**

❶ <アノテートアイテム>タブの「中心線」コマンドをクリック。

❷ エッジをポイントするとポインタが変化します。

❸ 図に示す左右のエッジを順にクリック。

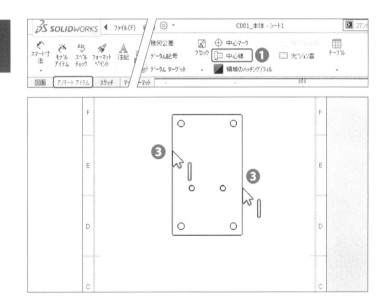

❹ 正面図に中心線が入りました。

✔ **クリックした2本のエッジの中央に中心線が入ります。同様に下面図にも中心線を入れます。**

❺ 図に示す左右のエッジを順にクリック。

❻ 下面図に中心線が入りました。

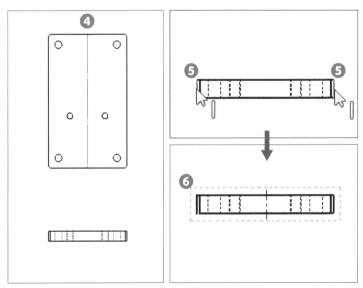

✔ **下面図に残りの中心線を一度に入れます。**

❼ 自動挿入の「図面ビューの選択」にチェックを入れます。

❽ 下面図のビューを選択します。

✔ **ビュー全体に中心線を入れる場合はビューの枠をクリックします。**

「図面ビューの選択」にチェックを入れると自動的に円弧を認識して円筒形の中心に中心線が入ります。

❾ 中心線が入りました。

❿ 「OK」をクリック。

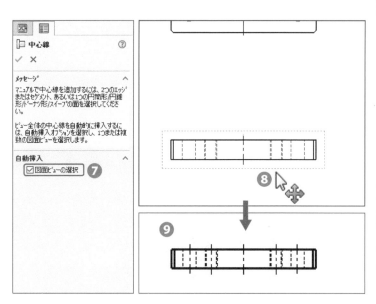

---

2 中心線を延長する

❶ 図に示す中心線をクリック。

❷ 端点のグリップをドラッグします。

❸ 中心線が延長できます。

❹ 上側の端点をドラッグします。

❺ 中心線が延長できました。

❻ Escキーで選択を解除します。

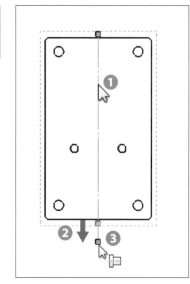
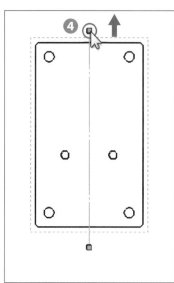

---

3 中心マークを入れる

✔ **ねじ穴に中心マークを入れます。**

❶ <アノテートアイテム>タブの「中心マーク」コマンドをクリック。

❷ マニュアル挿入オプションの「単一中心マーク」を選択します。

❸ 図に示す円（2箇所）を順にクリック。

❹ 円に中心マークが入りました。

❺ 続けて同様の手順で図のキリ穴にも中心マークを入れます。

❻ 「OK」をクリックし、コマンドを解除します。

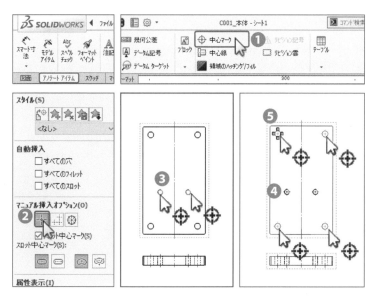

07 寸法を入れる

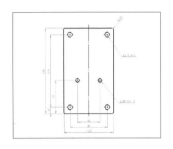

ビューに寸法を入れます。ここで入れる寸法はモデルに依存する「従動寸法」となります。長さ、直径、面取りなどの寸法や、図面として整えるための接頭語などを入れます。

Chapter 3

1 外形の寸法を入れる

❶ <アノテートアイテム>タブの「スマート寸法」コマンドをクリック。

❗ 「スマート寸法」は線の長さや円の大きさ等に寸法を入れるコマンドです。

❷ 「ラピッド寸法」にチェックが入っていることを確認します。

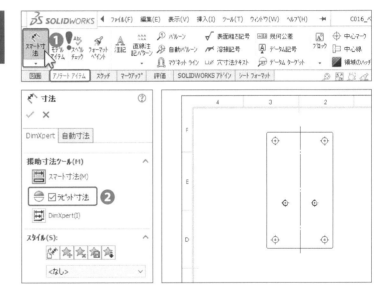

「ラピッド寸法」とは

「ラピッド寸法」にチェックを入れると、あらかじめ指定した距離で等間隔に配置することができます。

ラピッド寸法の設定は、オプション>ドキュメントプロパティタブ>寸法>「オフセット距離」で行います。

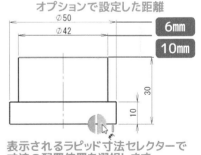

オプションで設定した距離

表示されるラピッド寸法セレクターで寸法の配置位置を選択します

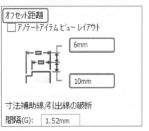

✔ **正面図に外形寸法を入れます。**

❸ 図に示すエッジをクリック。

❹ セレクターの下側をクリック。

❺ 寸法が入りました。

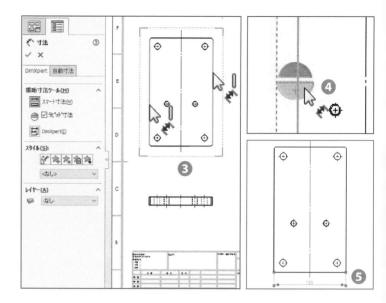

❻ 図に示すエッジをクリック。

❼ セレクターの左側をクリック。

❽ 寸法が入りました。

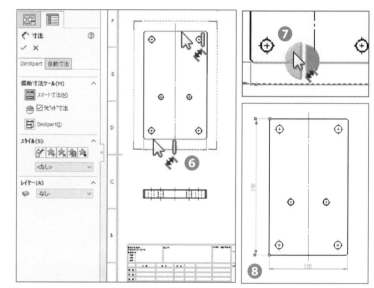

✔ **下面図に板厚寸法を入れます。**

❾ 図に示すエッジをクリック。

❿ セレクターの左側をクリック。

⓫ 寸法が入りました。

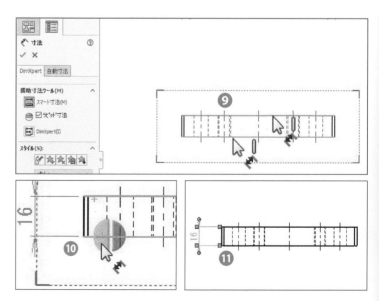

「従動寸法」とは

「スマート寸法」で追加した寸法は灰色で表示されます。

これを**「従動寸法」**といいます。

モデルですでに定義された形状に後から追加した寸法なので、変更することはできません。

モデルアイテムから表示した寸法は、黒色で表示されます。

これを**「駆動寸法」**といいます。

モデルに定義された寸法を表示しているので、変更が可能です。

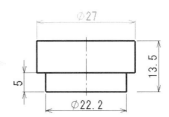

※本書ではChapter4以降、紙面上で寸法が読み取りやすいように黒色の表示設定をしています。

2 ねじ穴の寸法を入れる

✔ **ねじ穴の間隔に寸法を入れます。**

❶ X方向の穴間隔を入れます。

❷ 図に示す中心線をクリック。

❸ セレクターの下側をクリック。

❹ 寸法が入りました。

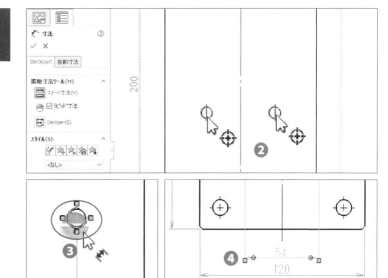

❺ Y方向の寸法を入れます。

❻ 図に示すエッジをクリック。

❼ 図に示す中心線をクリック。

❽ セレクターの左側をクリック。

❾ 寸法が入りました。

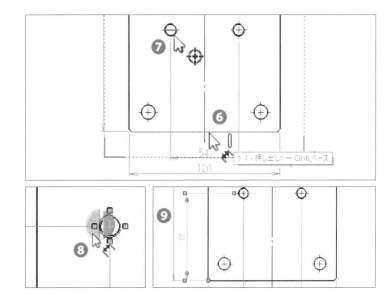

3 ねじ穴径の寸法を入れる

✔ ねじ穴径を入れます。

❶ 図に示すめねじの谷の径をクリック。

❷ セレクターの右下をクリック。

❸ 寸法が入りました。

❗ 円をクリックすると、めねじの内径Φ8.5が入ります。

✔ 使用バージョンによっては、ねじのピッチを表すx1.5が入りません。

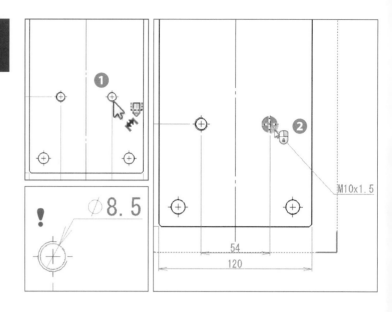

4 接頭語を追加する

✔ 寸法記入直後は、寸法が選択状態（ハイライト表示）になっているため、そのままプロパティの設定が可能です。

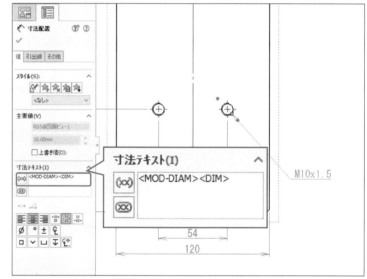

❶ 寸法テキストの先頭をクリックしてカーソルを表示し「2x」を追加します。

寸法テキスト：

2x<MOD-DIAM><DIM>

✔ <MOD-DIAM>は直径の記号、<DIM>は寸法値のことです。その前後にテキストを追加します。

✔ 本書では、「x」記号に小文字のx（エックス）を使用しています。

❷ 寸法M10x1.5に接頭語が追加され「2xM10x1.5」になりました。

❸ ビューの外でクリックし選択を解除します。

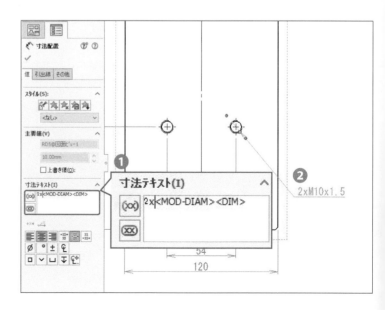

5 キリ穴の寸法を入れる

✔ キリ穴に寸法を入れます。
❶ X方向の穴間隔を入れます。
❷ 図に示す中心線を順にクリック。
❸ セレクターの下側をクリック。
❹ 寸法が入りました。

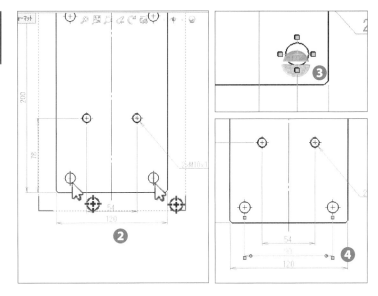

✔ 下のエッジから穴の中心線まで
　の寸法を入れます。
❺ 図に示すエッジをクリック。
❻ 図に示す中心線をクリック。
❼ セクレターの左側をクリック。
❽ 寸法が入りました。

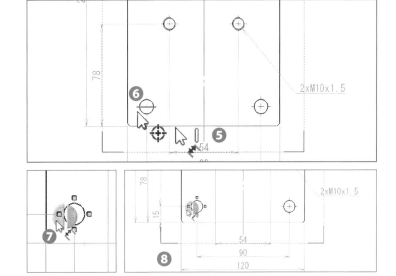

❾ Y方向の穴間隔を入れます。
❿ 図に示す中心線を順にクリック。
⓫ セレクター左側をクリック。
⓬ 寸法が入りました。

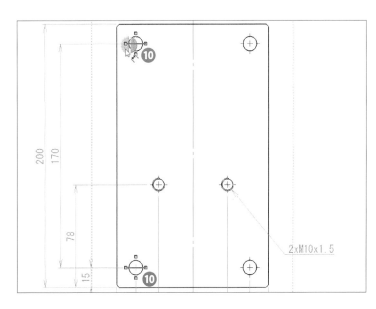

6 キリ穴の直径寸法を入れる

✔ **キリ穴径を入れます。**

❶ 図に示す円をクリック。

❷ セレクター右下をクリック。

❸ 寸法が入りました。

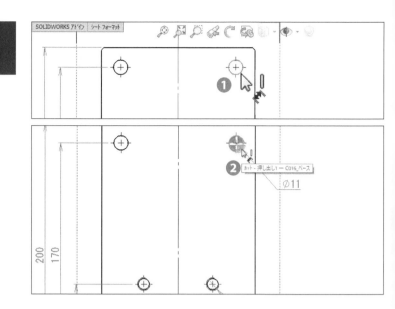

7 接頭語の削除

❶ 図に示す寸法が選択されていることを確認します。

❷ 寸法テキストに表示されている接頭語<MOD-DIAM>を削除します。

❸ 寸法テキストに「4x<DIM>キリ」と入力します。

寸法テキスト: 4x<DIM>キリ

❹ 寸法Φ11が「4x11キリ」になりました。

❺ ✔ 「OK」をクリック。

8 面取り寸法を入れる

✔ **面取り寸法は専用のコマンドを使用します。**

❶ <アノテートアイテム>タブの「スマート寸法」▼ボタンをクリック。

❷ 「面取り寸法」コマンドをクリック。

❸ 図に示す斜めのエッジをクリック。

❹ 次に隣接する図に示すエッジをクリック。

❺ セレクターの右上をクリックして配置します。

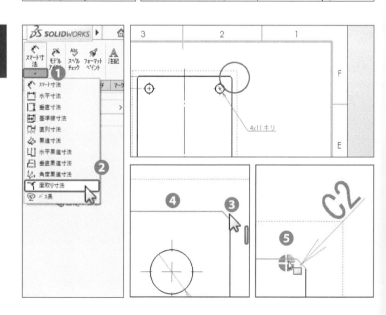

✔ **接頭語を追加します。**

⑥ 寸法テキストに「4x」を追加します。

　寸法テキスト：4x〈DIM〉

⑦ 「OK」をクリック。

⑧ 面取り寸法が入りました。

⑨ すべての寸法が入りました。

⑩ Escキーでコマンドを解除します。

⑪ 寸法を図のように整えます。

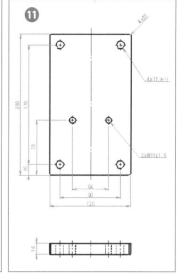

✔ 寸法矢印の向きを反転するには寸法を選択して図の箇所をクリックすると矢印の向きが反転します。

✔ 寸法を移動するには寸法をクリックして選択し、ドラッグすると移動します。

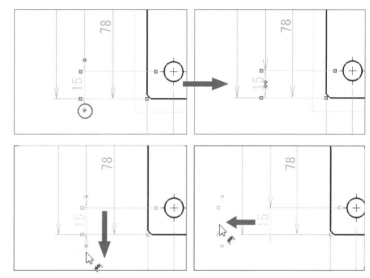

記号について

ver.2015から、穴表記について記号が追加されました。

穴の径　　座ぐり径　　座ぐり深さ

$\vee$　皿穴

$\sqcup$　座ぐり穴

$\underline{\vee}$　深さ

記号を追加
その他の記号を
追加することができます。

08 表面性状を入れる

各ビューに表面性状を入れます。また、表面性状の簡略図示も入れて整えます。

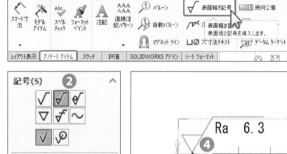

1 表面性状を入れる

✓ **正面ビューに表面性状を入れます。**

❶ <アノテートアイテム>タブの「表面粗さ記号」コマンドをクリック。

✓ **図のように設定します。**

❷  :除去加工が必要な場合

測定長さ: Ra

その他の粗さ値: 6.3

❸ 図に示す寸法補助線をクリック

❹ 2度目のクリックで位置を決めて配置します。

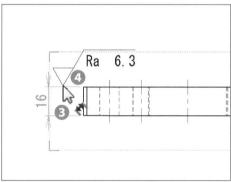

2 引出線をつけて表面性状を入れる

✓ **引出線をつけて表面性状を入れます。**

❶ 引出線: 引出線

引出線: 折れ線

矢印: 開矢印

❷ 図の寸法補助線をクリック。

❸ 2度目のクリックで位置を決めて配置します。

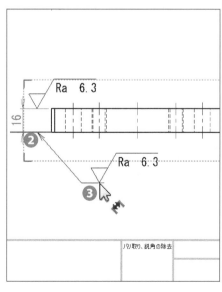

❹ 表面性状が配置できました。

❺ Escキーでコマンドを解除します。

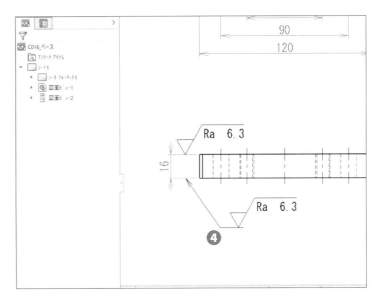

3 表面性状の簡略図示表記を入れる

❶ <アノテートアイテム>タブの「表面粗さ記号」コマンドをクリック。

✔ 図のように設定します。

❷ 　：除去加工が必要な場合

測定長さ：Ra

その他の粗さ値：12.5

❸ 図に示す位置（任意）でクリック。

❹ 表面性状が配置できました。

✔ コマンドが継続しています。別の表面性状を挿入します。

✔ 図のように設定します。

❺ 　：除去加工が必要な場合

測定長さ：Ra

その他の粗さ値：6.3

❻ 図に示す位置（任意）でクリック。

❼ 表面性状が配置できました。

❽ Escキーでコマンドを解除します。

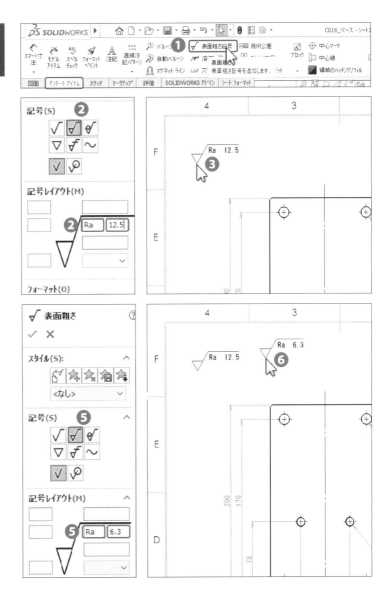

4 表面性状を整列する

① 2つの表面性状をCtrlキーを押しながら選択して右クリック。

② メニューから「整列」を選択します。

③ 「下部揃え」をクリック。

④ Escキーでコマンドを解除します。

⑤ 表面性状が整列できました。

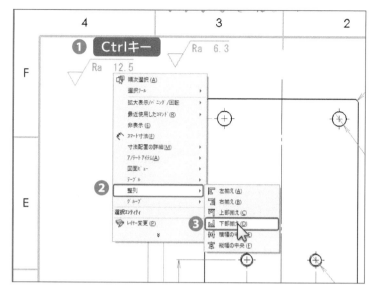

✔ **表面性状の簡略図示を整えます。**

⑥ <アノテートアイテム>タブの「注記」コマンドをクリック。

⑦ 図に示す位置（任意）でクリック。

⑧ 「書式」ダイアログボックスが現れます。

✔ **図のように設定します。**

⑨ フォント: MSゴシック

　　サイズ: 28ポイント

⑩ キーボードから、括弧( )と間に全角スペースを3回入力します。

⑪ 文字枠の外でクリック。

⑫ Escキーでコマンドを解除します。

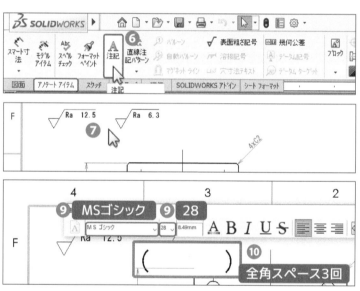

⑬ テキストをドラッグして図の位置に移動します。

⑭ すべての表面性状が入りました。

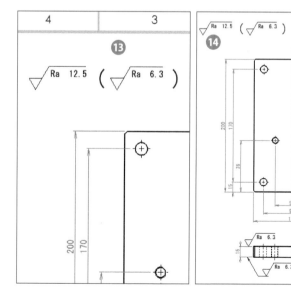

注記を入れる

シートフォーマットの編集モードに切り替えて、注記の文を追加します。

Chapter 3

1 ベースの注記を追加する

✔ シートフォーマットの編集に入ります。

❶ ＜シートフォーマット＞タブの「シートフォーマット編集」コマンドをクリック。

❗ ver.2015以前のバージョンでは＜シートフォーマット＞タブがありません。＜シート＞タブの上で右クリックして「シートフォーマット編集」をクリックします。

✔ 以降のバージョンでもこの方法で編集に入れます。

❷ ＜アノテートアイテム＞タブの「注記」コマンドをクリック。

❸ ポインタを図面上に移動するとポインタが変化します。

❹ 図に示す位置（任意）でクリック。

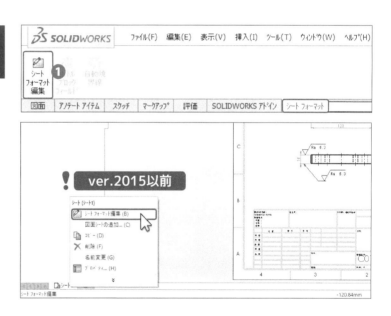

✔ テキストが入力できる状態です。

⑤ 「指示なき角部は糸面取りとする。」と入力します。

⑥ Enterキーで改行します。

⑦ 「普通公差はJIS B 0419-mKを適用する。」と入力します。

⑧ 文字枠の外でクリック。

⑨ Escキーでコマンドを解除します。

✔ 文字の入力を確定するには文字枠の外でクリックします。Enterキーを押すと、文字枠内での改行となります。

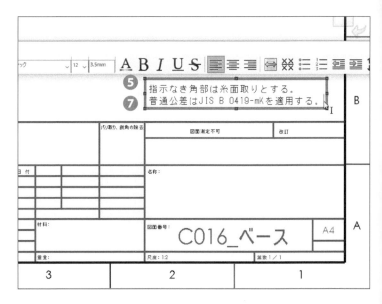

⑩ 注記が入力できました。

⑪ 注記をドラッグして配置を整えます。

⑫ 「シートフォーマット編集終了」をクリック。

⑬ シートフォーマット編集状態から図面シート編集状態に戻ります。

✔ ver.2015以前のバージョンでは＜シート＞タブの上で右クリックして「図面シート編集」に戻ります。

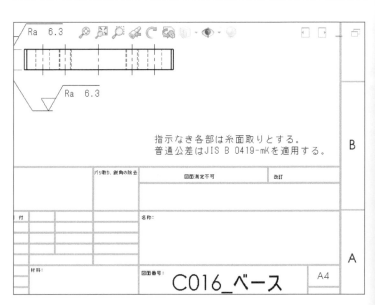

10

ビューの配置を整える

各ビューの寸法等の配置を整えます。また、図面に立体図のビューを挿入します。

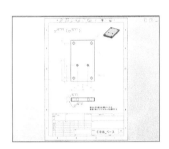

1 ビューの配置を整える

❶ 図のようにビューと寸法の配置を整えます。

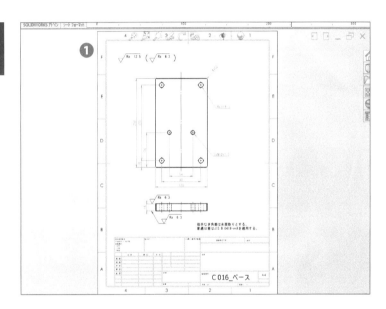

2 立体図を作成する

❶ <図面>タブの「モデルビュー」コマンドをクリック。

✔ 「挿入する部品/アセンブリ」に、既に挿入されているベースの部品ドキュメントが表示されています。

❷ 「C016_ベース」をダブルクリック。

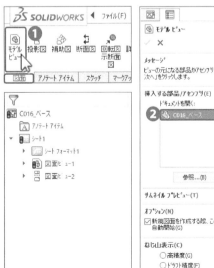

❸ 「プレビュー」にチェックが入って いることを確認します。

❹ 「不等角投影」にチェックを入れ ます。

❺ ポインタを図面上に移動して図 に示す位置（任意）でクリック。

❻ 立体図が作成できました。

✔ **立体図は新たに挿入した独立し たビューです。ビューをドラッグす ると単独で移動できます。**

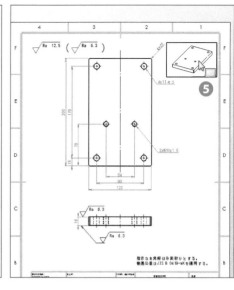

✔ **表示スタイルを変更します。**

❼ 表示スタイルの「エッジシェイ ディング表示」をクリック。

❽ 表示スタイルを変更できました。

❾ 「OK」をクリック。

❿ ベースの部品図が完成しました。

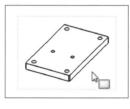

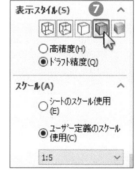

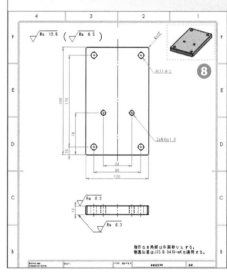

---

3 図面ドキュメントを 保存する

✔ **図面ドキュメントを保存します。**

❶ メニューバーの「保存」をクリック。

❷ ダイアログボックスが現れます。

❸ 「すべて保存」をクリック。

✔ **アラートメッセージがでたら、すべ て「はい」をクリックします。**

❹ 上書き保存ができました。

❺ 画面右上の閉じるボタンをクリッ クしてドキュメントを閉じます。

Chapter 4

部品図の作成−応用
さまざまな図面の作成

部品図の作成 「軸1」

 使用モデル：zumentraining>演習_歯車ポンプ>C003_軸1.SLDPRT

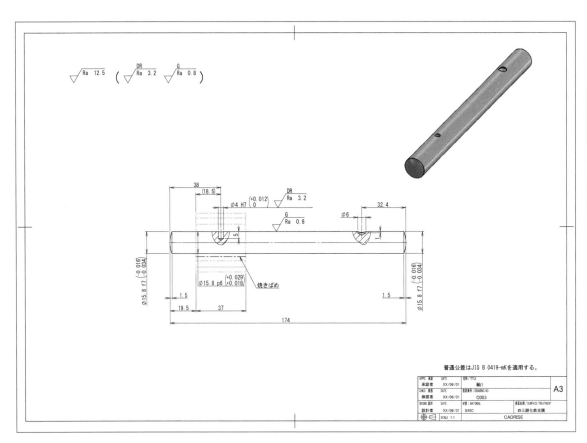

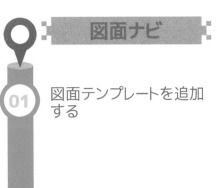

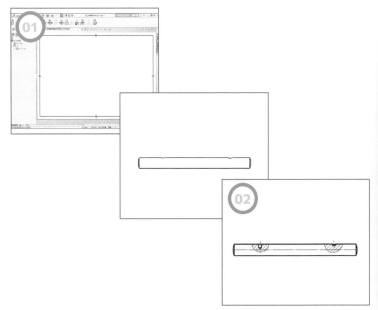

図面ナビ

01 図面テンプレートを追加する

新しくビューを作成する

02 部分断面図を作成する

03 モデルのスケッチを
利用して想像線を描く

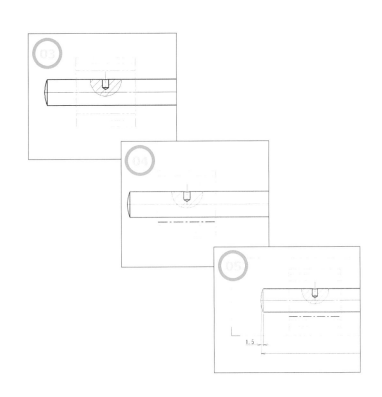

04 想像線を利用して
線を描く

05 最大・最小寸法を入れる

● 寸法を入れる

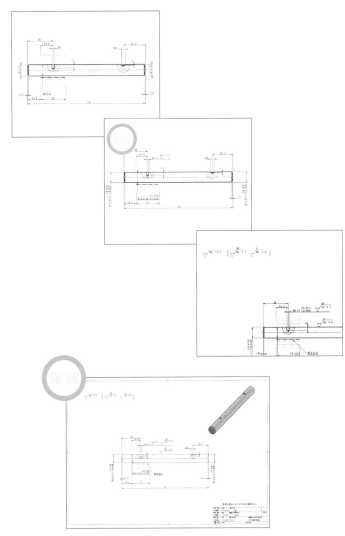

06 はめあい公差を入れる

● 表面性状を入れる

完成 ビューの配置を整えて
保存する

01 図面テンプレートを追加する

SOLIDWORKSではドキュメントを新規に作成するときに、使用するテンプレートを指定します。

本章では既定のテンプレートではなく、トレーニング用のテンプレートを使用するため、システムオプションでトレーニング用テンプレートフォルダの追加を行います。

1 図面テンプレートの追加

✔ ここからは「トレーニング」フォルダ内に用意した図面テンプレートを使用します。

　新規ドキュメントを作成する際に、このテンプレートが選択できるように参照先の追加を行います。

✔ ドキュメントが開いている場合はすべて閉じておきます。

❶ メニューバーの「オプション」をクリック。

❷ <システムオプション>タブの「ファイルの検索」をクリック。

❸ 「次のフォルダを表示」をクリックし「ドキュメントテンプレート」にすると参照先へのパスが表示されます。

✔ この参照先のフォルダには、新規ドキュメントを作成する際に使用するテンプレートが保存されています。

❹ 「追加」をクリック。

⑤ zumentraining>図面テンプレート>トレーニングを選択します。

⑥ 「フォルダーの選択」をクリック。

⑦ 「トレーニング」フォルダが追加できました。

⑧ 「OK」をクリック。

✔ アラートメッセージが出たらすべて「はい」をクリックします。

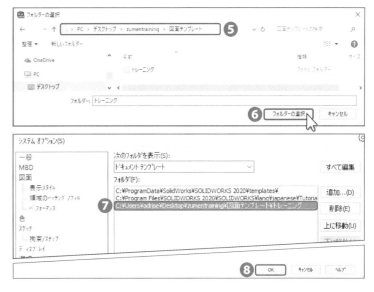

2 追加されたテンプレートを確認する

❶ メニューバーの「新規」をクリック。

❷ 「アドバンス」をクリック。

✔ アドバンス表示に切り替えます。

❸ <トレーニング>タブが追加されています。

✔ 「ドキュメントテンプレート」に追加した参照先のフォルダ名がタブ名に表示されます。

✔ ここからは、このテンプレートを使用します。

❹ 「キャンセル」をクリックしダイアログボックスを閉じます。

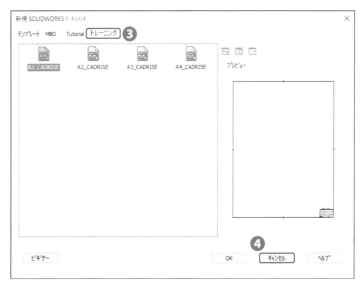

02

部分断面図を作成する

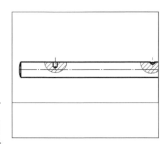

部分断面表示のある図面ビューを作成します。

図面ビューで、切断する部分を囲む線（破断線）を描き、切断面の位置（深さ）を指定すると、部分断面図を作成することができます。

1 部品の形状を確認する

① メニューバーの「開く」をクリック。

② ファイルの種類を「すべてのファイル」にします。

③ 「演習_歯車ポンプ」フォルダから部品ドキュメント「C003_軸1.SLDPRT」を選択します。

④ 「開く」をクリック。

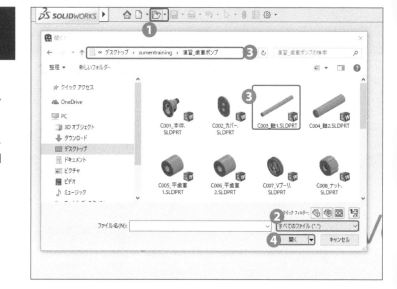

⑤ 軸1の部品ドキュメントが開きました。

⑥ モデルの形状を確認します。

✔ 表示スタイルを隠線表示にして正面や側面などの方向から確認してみましょう。

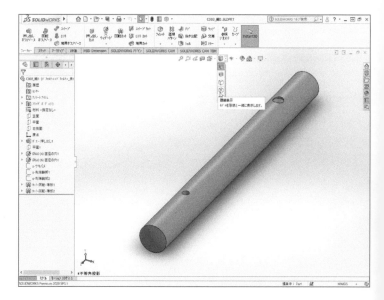

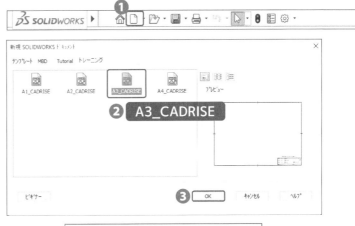

2 新しく図面ドキュメントを開く

① メニューバーの「新規」をクリック。

② <トレーニング>タブから「A3_CADRISE」を選択します。

③ 「OK」をクリック。

④ 図面ドキュメントが開きました。

✔ フォントに関するアラートメッセージが出る場合は「以降、このメッセージを表示しない」にチェックを入れて、「一時的な置き換えフォントを使用します。」を選択します。

3 新しくビューを作成する

① 新しく図面ドキュメントを開くと「モデルビュー」コマンドが自動的に起動します。

！ 「ドキュメントを開く」の項目には現在開いている「部品」「アセンブリ」ドキュメント名が表示されています。

② 「C003_軸1」をダブルクリック。

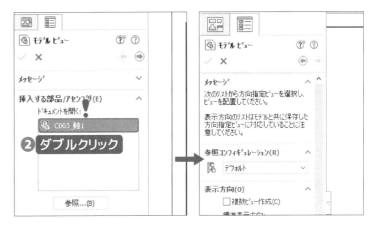

③ 表示方向に「右側面」を選択します。

④ 「プレビュー」にチェックを入れます。

⑤ オプションの「投影ビューの自動開始」にチェックが入っていることを確認します。

✔ シートにポインタを動かすとビューが現れます。

⑥ 図に示す位置でクリック。

⑦ 正面図が配置できました。

⑧ 「OK」をクリックし、コマンドを解除します。

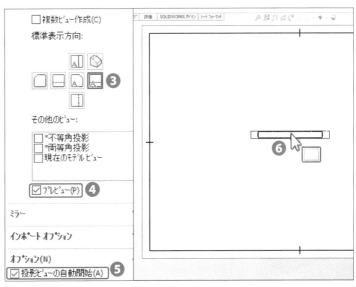

4 ビューの表示を変更する

1 画面右下のスケール表示をクリック。

2 シートスケールを「1：1」に変更します。

! シートスケールはステータスバーからも変更できます。

3 ビューをドラッグして配置を整えます。

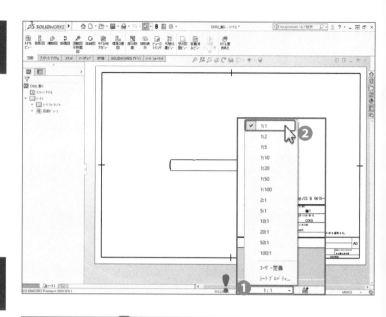

5 図面ドキュメントを保存する

✔ 保存をします。作業途中でも適宜保存しましょう。

1 メニューバーの「保存」をクリック。

2 ダイアログボックスが現れます。

3 「すべて保存」をクリック。

4 保存先に「演習_歯車ポンプ」フォルダを選択します。

5 ファイル名が「C003_軸1」であることを確認します。

6 「保存」をクリック。

✔ アラートメッセージが現れたら「はい」をクリックします。

7 図面ドキュメントに名前をつけて保存ができました。

6 部分断面図を作成する

✔ ノックピンを入れる穴の部分を断面表示にします。

1 <図面>タブの「部分断面」コマンドをクリック。

2 図面にポインタを動かすと「スプライン」コマンドが起動します。

✔ スプラインで滑らかな自由曲線が描けます。

3 図のように点の位置を順にクリックしながらスプラインを描きます。

4 始点に戻ってスプラインの図形を閉じます。

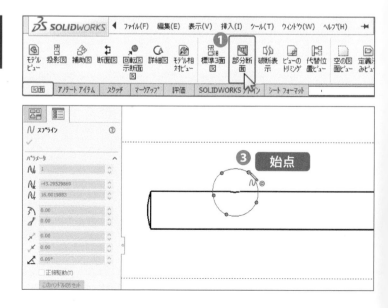

⑤ スプラインを閉じるとプロパティ
が切り替わります。

✓ **部分断面の深さに軸の半径の値
を入力して指定します。**

⑥ 「深さ」に半径値の「7.9」を入力
します。

⑦ ✓ 「OK」をクリック。

⑧ 部分断面が表示されました。

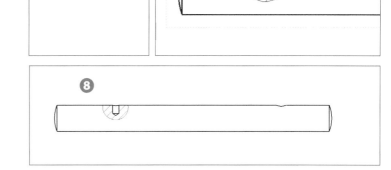

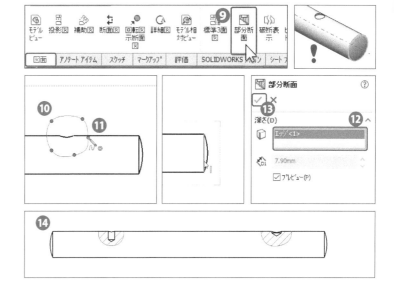

✓ **ねじ穴の部分も断面表示にしま
す。**

⑨ ＜図面＞タブの「部分断面」コマ
ンドをクリック。

⑩ 図のように点の位置を順にクリック
しながらスプラインを描きます。

⑪ 始点に戻ってスプラインの図形
を閉じます。

✓ **部分断面の深さには、図の要素を
指定することもできます。**

⑫ 図のエッジをクリックすると「深
さ」にエッジが選択されます。

⑬ ✓ 「OK」をクリック。

⑭ 部分断面が表示されました。

! 深さに円筒のエッジを指定する
と、円筒の中心軸が切断面の深さ
となります。「一時的な軸」を表示
して指定することもできます。

✓ **正面図に中心線を入れます。**

⑮ ＜アノテートアイテム＞タブの「中
心線」コマンドをクリック。

! **中心線コマンドの「図面ビューの
選択」にチェックを入れてから
ビューを選択すると、ビュー単位
で自動的に中心線が入ります。**

⑯ 「図面ビューの選択」にチェックを
入れます。

⑰ 正面図のビューを選択します。

⑱ ✓ 「OK」をクリック。

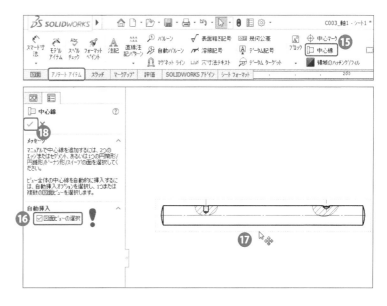

Chapter 4

03 モデルの履歴を利用して想像線を描く

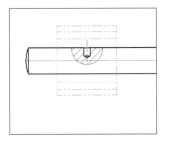

部品ドキュメントの履歴には、隣接部品の形状など参考となるスケッチが含まれている場合があります。

そのスケッチを表示させて、想像線として利用することができます。

1 部品のスケッチを表示する

✔ **平歯車の位置を表示します。**

❶ 正面図にポインタを近づけるとこのビューの名前が「図面ビュー1」と表示されます。

✔ **ビューを増やすたびに、自動的に番号を取得するので、ビュー名の番号が異なる場合があります。**

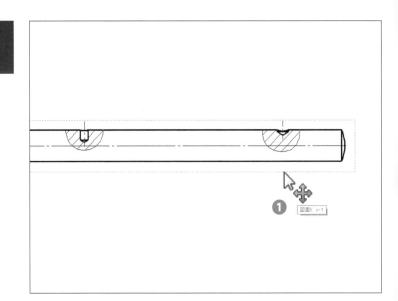

❷ ツリーの「図面ビュー1」の▶をクリック。

❸ 参照している部品ドキュメント「C003_軸1」が表示されます。

❹ 部品ドキュメント「C003_軸1」の▶をクリック。

❺ 部品ドキュメント「C003_軸1」の履歴を展開します。

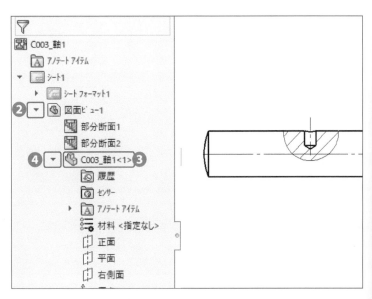

✓ ツリーの各図面ビューの履歴から
　スケッチやフィーチャーの表示/
　非表示が切り替えられます。

❻ 「s-ヤキバメ」を右クリック。

❼ メニューから「表示」をクリック。

❽ 平歯車位置を表すスケッチが表
　示できました。

❾ 「シート1」の▼をクリック。

❿ 展開したツリーが折りたたまれま
　した。

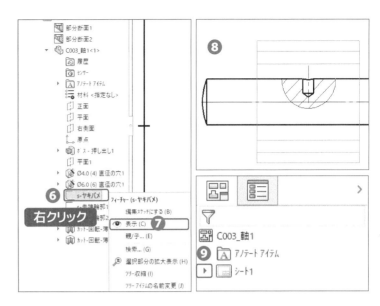

2 表示したスケッチの 線種を変更する

✓ ツールバーを表示します。

❶ メニューバーの上で右クリックして
　「ツールバー」をクリック。

❷ 「線属性の変更」をクリック。

❸ ツールバーが表示されました。

✓ 線の種類を変更します。

! 色の表示モードがオフになってい
　ることを確認します。色の表示に
　ついてはP144を参照ください。

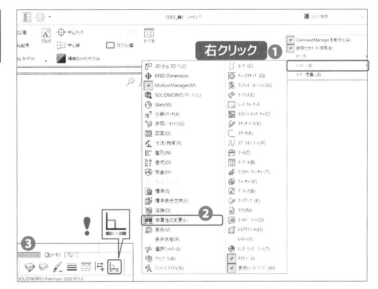

❹ Ctrlキーを押しながら図に示す線
　をクリック。

✓ 複数の要素を選択するにはCtrl
　キーを押しながらクリックします。

❺ 選択状態で「線の種類」をクリック。

❻ 「2点鎖線」をクリック。

❼ 線の線種が「2点鎖線」に変わり
　ました。

❽ ビューの外でクリックして選択を
　解除します。

❾ 平歯車の位置を表す線を想像線
　に変更できました。

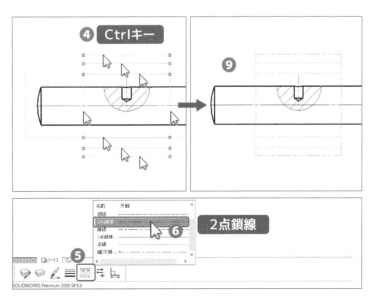

04 想像線を利用して線を描く

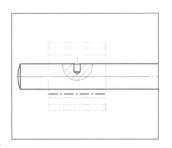

表示した想像線を参照して、線を描き加えることができます。ここでは特殊指定線を追加します。

特殊指定線とは特殊な加工(焼入れ、ペンキ塗り、めっきなど)を施す部分など特別な要求事項を適用する範囲を表すのに用います。

1 特殊指定線を描く

✔ **加工処理位置を示す特殊指定線を描きます。**

❶ <スケッチ>タブの「直線」コマンドをクリック。

❷ ポインタを図の想像線に合わせて「一致」の拘束が現れる位置でクリック。

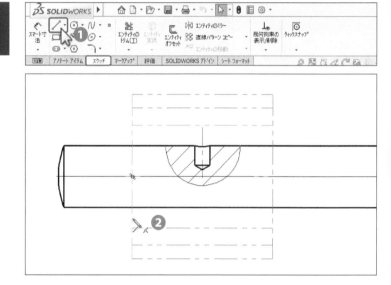

❸ 水平にポインタを動かします。

❹ ポインタを図の想像線に合わせて「一致」と「水平」の拘束が現れる位置でクリック。

❺ 直線が描けました。

❻ Escキーでコマンドを解除します。

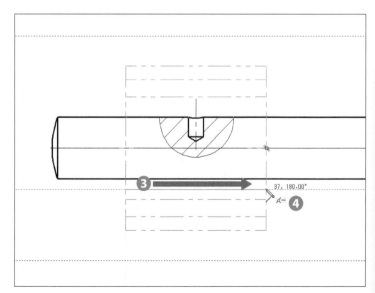

2 線種を変更する

① 描いた直線をクリック。

② 「線属性の変更」ツールバーから「線の種類」コマンドをクリック。

③ 「鎖線」をクリック。

④ 線の種類が「鎖線」に変更できました。

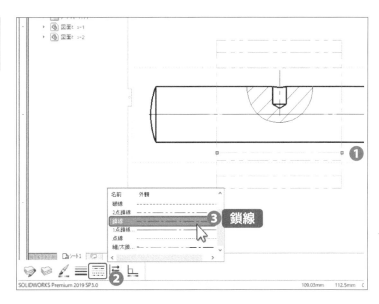

3 線の太さを変更する

① ツールバーから「線の太さ」コマンドをクリック。

② 「0.35mm」をクリック。

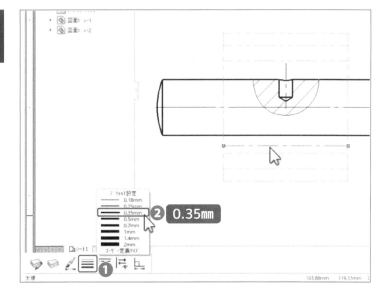

③ 線の太さが変わりました。

④ ビューの外でクリックして選択を解除します。

✔ 線の太さを変更するときは、線を選択してから「線属性の変更」ツールバーで太さを選択します。線を選択する前に、「線属性の変更」ツールバーで太さを選択すると、操作後も太さの設定が継続するので、改めてデフォルトをクリックして戻す必要があります。

⑤ ツリーの「シート1」の▼をクリック。

⑥ 展開したツリーが折りたたまれました。

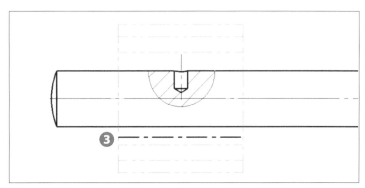

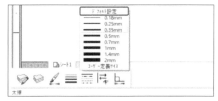

05 最大・最小寸法を入れる

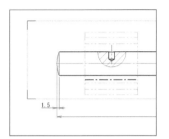

円弧との距離を決める場合、中心点間距離ではなく、最大寸法や最小寸法で表示させたい場合があります。

ここでは、軸先端の丸みに対し最大、最小の距離となる寸法を入れます。

1 最大寸法を入れる

✔ **外形寸法を入れます。**

❶ ＜アノテートアイテム＞タブの「スマート寸法」コマンドをクリック。

❷ Shiftキーを押しながら図に示す円弧をクリック。

✔ **Shiftキー押しながらクリックすると、円弧の間の最大寸法が入ります。**

❸ ポインタを下に動かしてクリック。

❹ 寸法が入りました。

2 最小寸法を入れる

✔ **両端の丸みに寸法を入れます。**

❶ Shiftキーを押しながら図に示す円弧とエッジをクリック。

❷ ポインタを下に動かしてクリック。

! **寸法配置プロパティ>引出線タブ>「円弧の状態」からも、寸法の入れ方を変更できます。**

❸ 寸法が入りました。

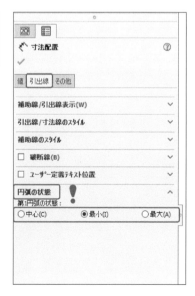

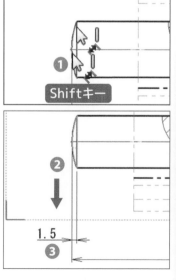

■ 作図課題

ポイント解説と「Chapter3-07寸法を入れる」を参考に図のように寸法を入れます(P47~参照)。

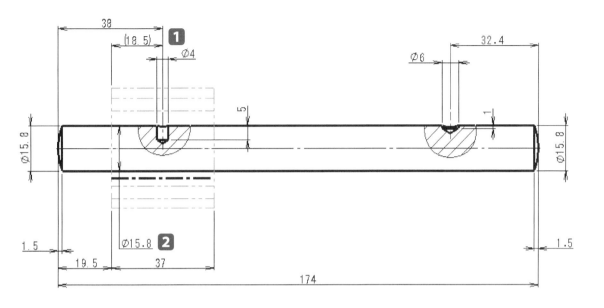

Chapter 4

ポイント解説

1 参考寸法にする

① 括弧を追加したい寸法をクリック。

② 図のボタンをクリック。

2 寸法テキスト位置の変更

① 変更する寸法をクリック。

② 図のように設定します。

引出線タブ

ユーザー定義テキスト位置にチェックを入れる。

破線水平線、水平テキストボタンをクリック。

! 寸法を引き出す方向を変更するには図のグリップをクリックします。

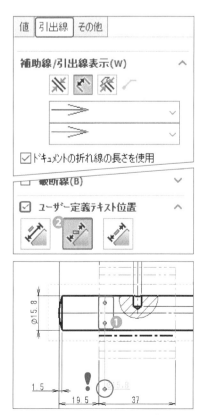

06

はめあい公差を入れる

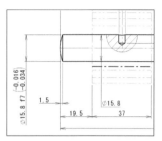

はめあい公差の種類、公差域クラス、寸法許容差をオプションから
設定します。

1 はめあい公差を入れる

❶ 図に示す寸法をクリックして選択
状態にします。

✔ 図のように設定します。

❷ 「公差/小数位数」

　公差のタイプ: はめあい公差

　括弧で表示: チェックを入れる

　小数位数: .123

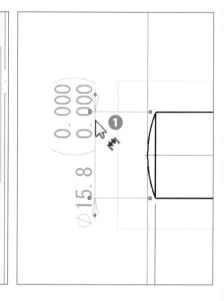

❸ 軸基準はめあい: f7

❗ 頭文字「f」を入力してから検索
をすると、候補をしぼることがで
きます。

❹ はめあい公差が入りました。

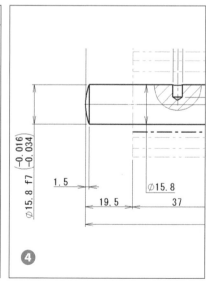

■ 作図課題

ポイント解説を参考に、図の寸法にはめあい公差を入れます。

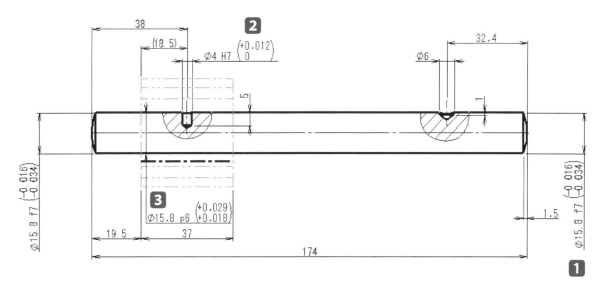

ポイント解説

1 軸寸法公差のf7を入れる
❶公差を入れる寸法をクリック。
❷図のように設定します。
　公差のタイプ: はめあい公差
　軸基準はめあい: f7
　括弧で表示: チェックを入れる
　小数位数: .123

2 穴寸法公差のH7を入れる
❶公差を入れる寸法をクリック。
❷図のように設定します。
　公差のタイプ: はめあい公差
　穴基準はめあい: H7
　直線状表示をオン
　括弧で表示: チェックを入れる
　小数位数: .123

3 軸寸法公差のp6を入れる
❶公差を入れる寸法をクリック。
❷図のように設定します。
　公差のタイプ:はめあい公差
　軸基準はめあい: p6
　直線状表示をオン
　括弧で表示: チェックを入れる
　小数位数: .123

2 表面性状を入れる

✔ **表面性状を入れる引出線を伸ばします。**

❶ 表面性状を入れる寸法をクリックして選択状態にします。

❷ 寸法テキストの末尾にカーソルを出してスペースキーを全角で7回押します。

❸ ✔ 「OK」をクリック。

❹ 寸法の配置を整えます。

❺ Escキーで選択を解除します。

❻ 正面図のビューをダブルクリック。

❼ ビューを囲む破線の角が太い実線に変わります。

✔ **この状態を「アクティブ維持」状態といい、ここで追加するスケッチや表面性状は、ビューの一部と認識されます。アクティブ維持についてはP124参照。**

✔ **表面性状を入れます。**

❽ <アノテートアイテム>タブの「表面粗さ記号」コマンドをクリック。

✔ **図のように設定します。**

❾ ✔ ： 除去加工が必要な場合
加工方法/処理: DR
測定長さ: Ra
その他の粗さ値: 3.2

❿ 図に示す寸法線をクリック。

✔ **禁止マークが出ますが配置ができます。**

✔ **他の表面性状も図のように入れます。**

⓫ ✔ ：除去加工が必要な場合
加工方法/処理: G
測定長さ: Ra
その他の粗さ値: 0.8

⓬ 図に示すエッジをクリック。

⓭ 表面性状が入りました。

⓮ Escキーを押してコマンドを解除します。

⓯ ビューの外でダブルクリックしビューアクティブ維持を解除します。

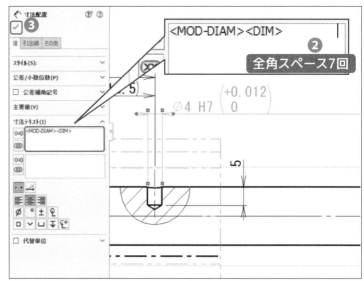

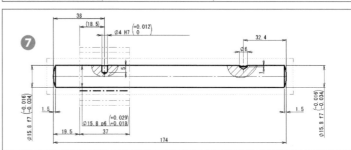

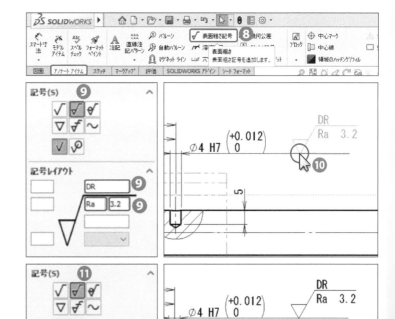

Chapter 4

3 表面性状の簡略図示を入れる

① ＜アノテートアイテム＞タブの「表面粗さ記号」コマンドをクリック。

✓ **図のように設定します。**

② 除去加工が必要な場合
測定長さ: Ra

その他の粗さ値: 12.5

③ 図に示す位置でクリックし配置します。

④ 除去加工が必要な場合
加工方法/処理: DR

測定長さ: Ra

その他の粗さ値: 3.2

⑤ 図に示す位置でクリックし配置します。

⑥ 除去加工が必要な場合
加工方法/処理: G

測定長さ: Ra

その他の粗さ値: 0.8

⑦ 図に示す位置でクリックし配置します。

⑧ 表面性状が入りました。

⑨ Escキーでコマンドを解除します。

✓ **表面性状を整列します。**

⑩ 図に示す3つの記号をCtrlキーを押しながら選択して右クリック。

⑪ メニューから「整列」を選択して「下部揃え」をクリック。

⑫ Escキーでコマンドを解除します。

⑬ 記号の位置が揃いました。

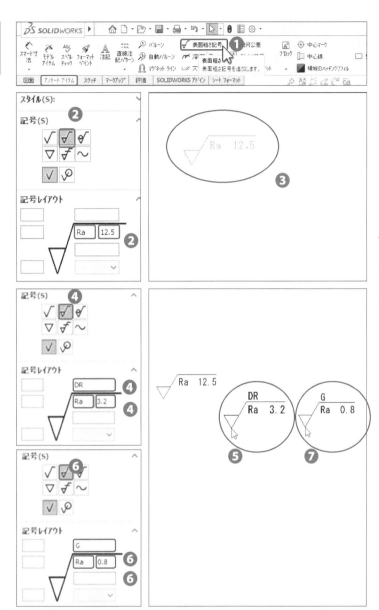

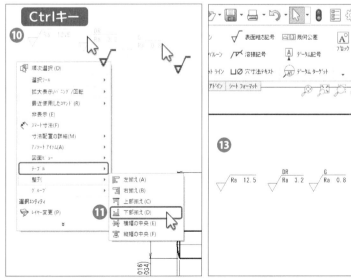

⑭ <アノテートアイテム>タブの「注記」コマンドをクリック。

⑮ 図に示す位置でクリック。

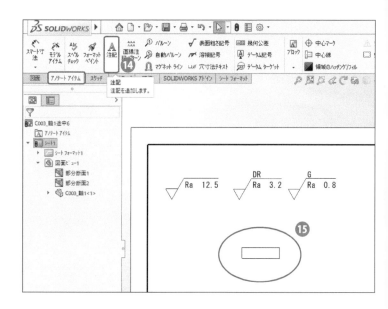

⑯ 「書式」ダイアログボックスが現れます。

⑰ 「MSゴシック」「28」ポイントを選択します。

⑱ キーボードから、括弧( )と間に全角スペースを6回入力します。

⑲ 文字枠の外でクリック。

⑳ Escキーでコマンドを解除します。

㉑ テキストをドラッグして図の位置に移動します。

㉒ 表面性状の簡略図示が入りました。

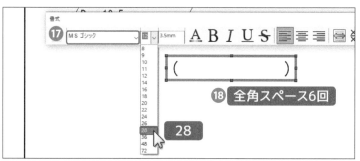

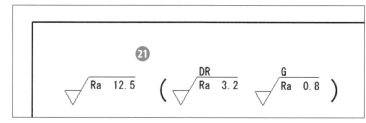

4 引出線を追加する

❶ <アノテートアイテム>タブの「注記」コマンドをクリック。

❷ 図に示す一点鎖線をクリック。

❸ ポインタを動かして図に示す位置でクリック。

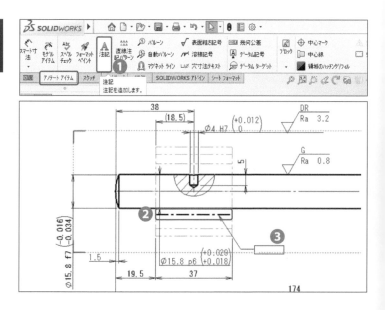

④ テキストに「焼きばめ」と入力します。

⑤ 引出線を変更します。

✓ 図のように設定します。

⑥ 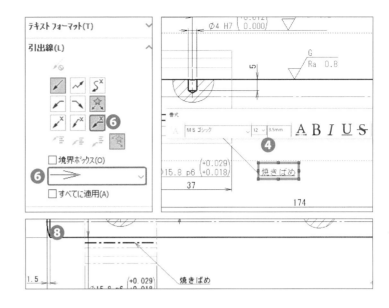　: 下線付引出線
引出線スタイル: 開矢印

⑦ ✔　「OK」をクリック。

⑧ 引出線が入りました。

5　立体図を作成し尺度を変更する

✓ 立体図を作成します。

❶ <図面>タブの「モデルビュー」コマンドをクリック。

❷ 部品名をダブルクリック。

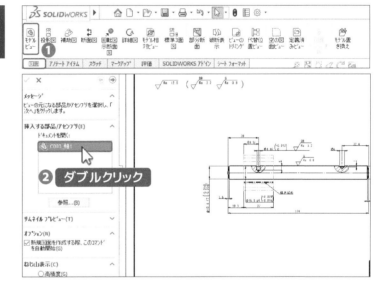

❸ 「プレビュー」にチェックが入っていることを確認します。

❹ 「不等角投影」にチェックを入れます。

❺ 表示スタイルの「エッジシェイディング表示」をクリック。

❻ ポインタを図面上に移動して図に示す位置でクリック。

❼ 立体図が作成できました。

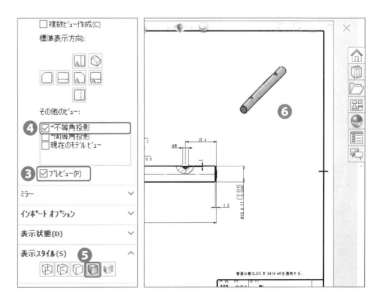

✔ **立体図の尺度を変更します。**

⑧ 立体図のビューをクリック。

⑨ プロパティから「シートのスケール
を使用」にチェックを入れます。

⑩ ✅ 「OK」をクリック。

⑪ ビューの配置を整えます。

✔ **尺度についてはP43「図面ドキュ
メントの2つの尺度」参照。**

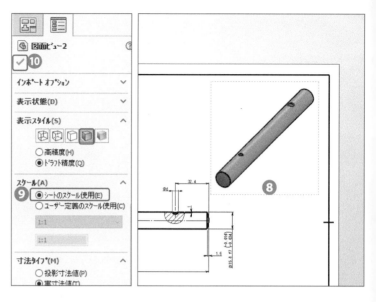

⑫ 軸1の部品図が完成しました。

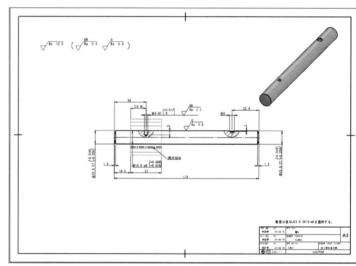

---

6 ドキュメントを保存する

✔ **展開したツリーを折りたたみ、閉
じた状態にします。**

❶ Escキーで選択を解除します。

❷ ツリーの上で右クリック。

❸ メニューから「ツリー収縮」をク
リック。

❹ 展開していたツリーが折りたたま
れました。

❺ メニューバーの「保存」をクリック
し、ドキュメントを閉じます。

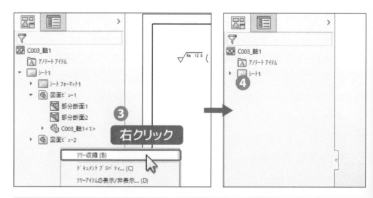

表示スタイル

図面ビューは5つの表示スタイルに切り替えられます。

表示スタイル(S)

○ 高精度(H)
● ﾄﾞﾗﾌﾄ精度(Q)

ワイヤーフレーム

隠線表示

隠線なし

シェイディング

エッジシェイディング表示

線属性の変更ツールバー

線属性の変更ツールバーには線の太さや線種を変更したり、線やエッジを表示、非表示できるコマンドがあります。

線属性の変更(L)

レイヤー変更
レイヤープロパティ
色の変更
線の太さ　線の種類
色の表示モード
エッジ非表示/エッジ表示

●色の変更・線の太さ・線の種類

ビューのエッジやスケッチの線の属性を変更するコマンドです。

エッジやスケッチの線などを選択して、それぞれのコマンドから色、線の太さ、線の種類を変更します。

●エッジ非表示／エッジ表示

ビューを隠線表示スタイルにするとすべての隠線が表示されます。図面が煩雑にならないように、必要な隠線を残して、不要なものを非表示にする際に使います。

不要なエッジをクリックして選択するとコンテキストツールバーから非表示にできます。

表示するにはツールバーの「エッジ非表示/表示」をクリックして、表示したいエッジを選択しOKを押します。

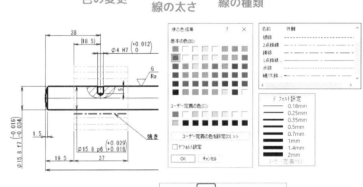

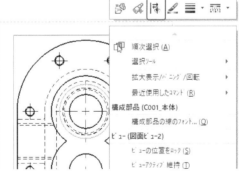

●レイヤープロパティ・レイヤー変更

レイヤープロパティではレイヤーを作成したり、レイヤーの色や線種、線の太さを設定できます。レイヤー変更からレイヤーを選択できます。

●色の表示モード

色の表示モードをオフにするとレイヤーで設定された色の表示が優先されます。例えば、緑色の画層を選択してから寸法を入れると寸法はその画層の設定色になります。

色の表示モードオン

色の表示モードオフ

部品図の作成 「平歯車1」

 使用モデル：zumentraining>演習_歯車ポンプ>C005_平歯車1.SLDPRT

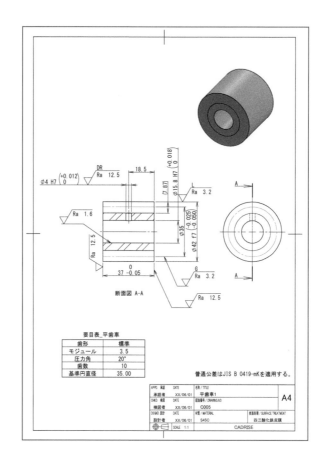

要目表_平歯車	
歯形	標準
モジュール	3.5
圧力角	20°
歯数	10
基準円直径	35.00

普通公差はJIS B 0419-mKを適用する。

図面ナビ

新しくビューを作成する

全断面図を作成する

07

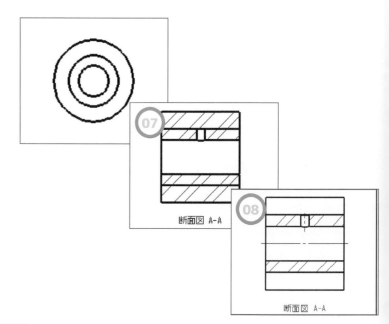

断面図 A-A

08

不要なハッチングを
削除する

09 歯車の基準線を描く

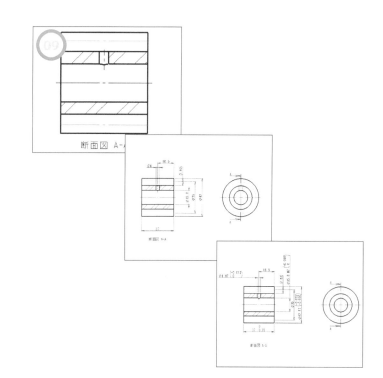

● 寸法を入れる

● はめあい公差を入れる

● 表面性状を入れる

10 要目表を挿入する

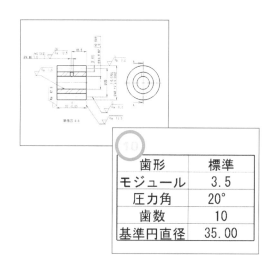

歯形	標準
モジュール	3.5
圧力角	20°
歯数	10
基準円直径	35.00

完 成 ビューの配置を整えて
保存する

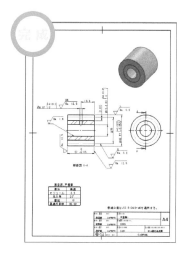

07

全断面図を作成する

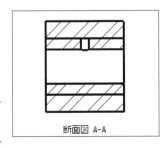

断面図 A-A

全断面図は、先に配置した図面ビューから投影して作成します。ここでは、右側面図のビューで切断する位置を指定し、投影方向に引き出して全断面表示の正面図を作成します。

Chapter 4

1 新しく図面ドキュメントを開く

❶ デスクトップ>zumentraining フォルダ>演習_歯車ポンプフォルダ>C005_平歯車1.SLDPRT を開きモデルの形状を確認します。

❷ ツリーのソリッドボディの▶をクリック。

❗ このモデルは2つのソリッドボディで構成されていることが確認できます。それぞれのソリッドボディをクリックするとハイライトします。

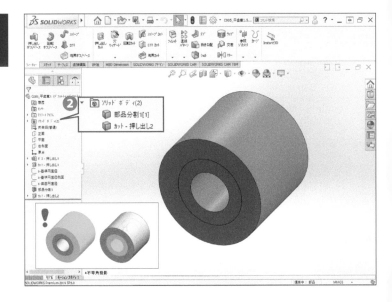

❸ メニューバーの「新規」をクリック。

❹ <トレーニング>タブから「A4_CADRISE」を選択します。

❺ 「OK」をクリック。

❻ 図面ドキュメントが開きました。

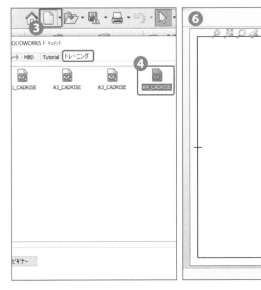

2 新しく ビューを作成する

✔ モデルビューコマンドが起動して います。

❶ モデルビューの「C005_平歯車 1」をダブルクリック。

✔ 表示されていない場合、「参照」 をクリックし、演習_歯車ポンプ> 005_平歯車1.SLDPRTを開きま す。

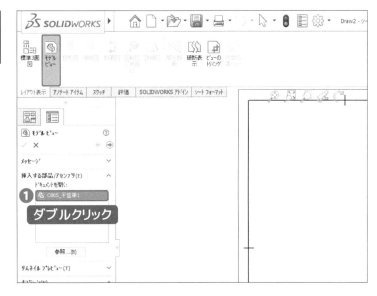

❶ ダブルクリック

✔ 図のように設定します。

❷ 表示方向: 正面

「プレビュー」にチェック。

オプション: 投影ビューの自動開始

❸ 図に示す位置でクリック。

❹ 右側面図が作成できました。

❺ 「OK」をクリックし、コマンド を解除します。

✔ ここでは部品の正面ビューを、図 面の右側面図として配置します。

❻ 図面シートの尺度が「1:1」に なっていることを確認します。

❼ 原点表示が非表示になっているこ とを確認します。

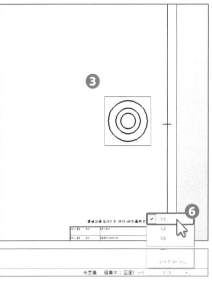

アイテムを表示／非表示

ヘッズアップビューツールバーの「アイテムを表示／非表示」から 平面・原点・スケッチなどの各アイテムの表示をコントロールで きます。

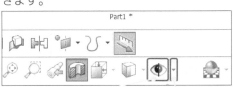

全タイプを表示／ 非表示

全タイプの表示状 態をコントロールし ます。

※ver.2017からの機 能です。

アイテムを表示／ 非表示

グラフィックス領域 内の各アイテムの表 示状態をコントロー ルします。

一時的な軸

原点表示

スケッチ寸法の表示

スケッチ拘束関係 の表示

ver.2015以前の 「アイテムを表示/ 非表示」アイコンは

になります。

3 図面ドキュメントを保存する

① メニューバーの「保存」をクリック。

② ダイアログボックスが現れます。

③ 「すべて保存」をクリック。

④ 保存先に「演習_歯車ポンプ」フォルダを選択します。

⑤ ファイル名が「C005_平歯車 1.SLDDRW」であることを確認します。

⑥ 「保存」をクリック。

✓ アラートメッセージが現れたら「はい」をクリックします。

⑦ 図面ドキュメントに名前をつけて保存ができました。

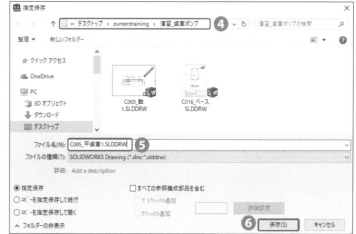

4 全断面図を作成する

✓ 配置した右側面図を利用して、全断面図を作成します。

① <図面>タブの「断面図」コマンドをクリック。

② カット線に「鉛直」を選択します。

③ 「断面図の自動開始」にチェックを入れます。

④ 右側面図の図に示す円の中心にポインタが一致していることを確認してクリック。

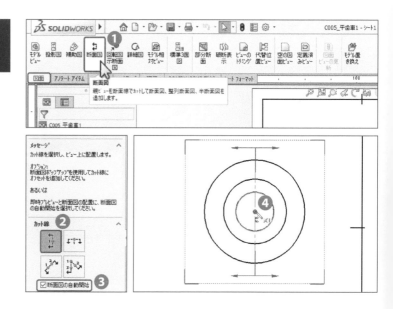

⑤ 全断面図のビューが現れます。

⑥ ポインタを左に動かしてクリック。

⑦ 断面図を配置できました。

⑧ ![checkmark] 「OK」をクリックし、コマンドを解除します。

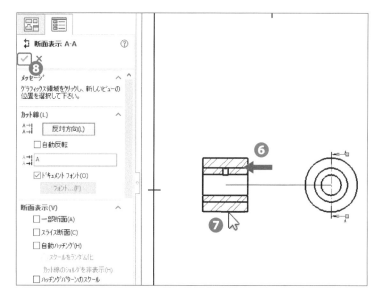

断面図のラベル

断面図・詳細図を挿入するたびに自動的にラベル（ラテン文字）が振られます。

ラベルを変更するには、断面線をクリックし、プロパティで変更します。

また「断面図A-A」の注記を直接ダブルクリックしても変更ができます。

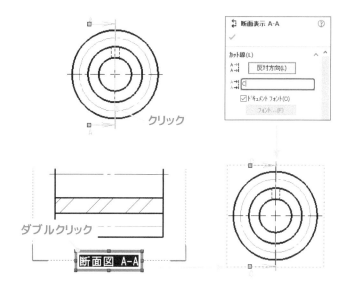

5 断面の表示方向を変更する

① 切断線をクリック。

② カット線の「反対方向」をクリック。

③ ![checkmark] 「OK」をクリック。

④ 断面の方向が変更できました。

! 切断線をダブルクリックしても反転できます。

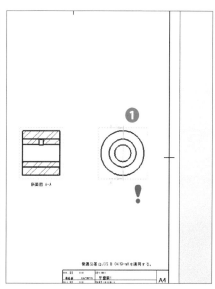

⑤ 断面図のビューが変更されない
場合は「再構築」をクリックします。

! 再構築が必要な場合は、ビュー
にオレンジ色の斜線がかかって
いるかツリーに再構築マークが表
示されています。

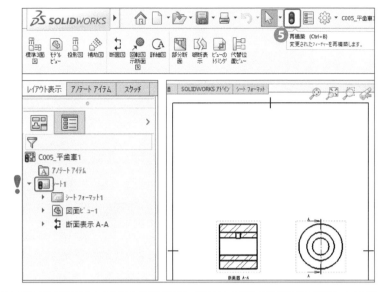

断面線の編集

断面線のスケッチを編集して、断面
図の表示を変更することができます。

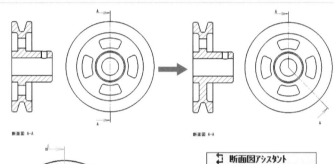

❶断面線の上で右クリックし、メニュー
から「カット線編集」を選択します。

❷断面図アシスタントの「スケッチ編
集」をクリックすると、自動的にスケッ
チ編集になり「直線」コマンドに入り
ます。

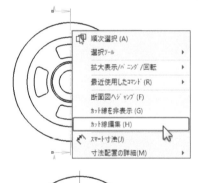

❸カット線のスケッチを編集をします。

ここでは直線を描き加え、不要な箇
所をトリムでカットし、角度寸法を入
れます。

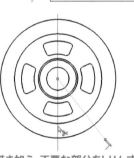

直線を描き加え、不要な部分をトリムする　　角度寸法を入れる

❹スケッチを終了します。

❺断面の表示が変更されました。

寸法の非表示／表示についてはP126
参照。

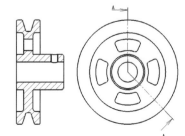

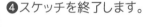
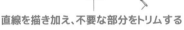
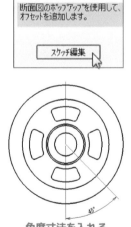

08 不要なハッチングを削除する

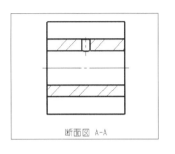

断面図に表示されるハッチングを編集することができます。ここでは歯車の歯の部分のハッチングだけを削除します。

Chapter 4

1 不要なハッチングを削除する

✔ 歯車の歯の部分のハッチングを削除します。

❶ 図に示す位置でクリック。

❷ 設定対象：ボディ

❸ 材料ハッチング：チェックを外す

❹ ハッチング「なし」：チェックを入れる

❺ ✔ 「OK」をクリック。

✔ 平歯車1のモデルはマルチボディで作成しているためボディごとにハッチングの設定ができます。

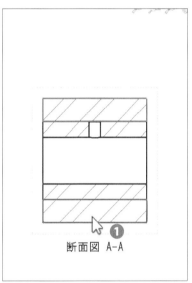

断面図 A-A

2 ビューを整える

❶ ハッチングが削除できました。

✔ 図を参考にビューを整えます。

❷ 右側面図を整えます。

表示スタイル：隠線表示

中心マークを入れる

❸ 断面図を整えます。

中心線を入れる

❹ Escキーでコマンドを解除します。

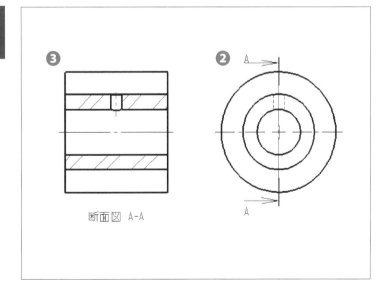

断面図 A-A

09 モデルの履歴を利用して基準線を描く

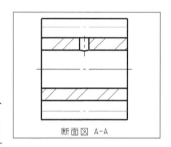

断面図 A-A

モデルの履歴のスケッチは図面上に表示したり、参照して利用することができます。歯車1では履歴の中の基準円スケッチを利用して、図面上に基準線を表示します。

1 歯車の基準線を描く

✔ **断面図にモデルの履歴のスケッチを表示して歯車基準線を描きます。**

❶ 断面図にポインタを近づけると「断面表示A-A」と表示されます。

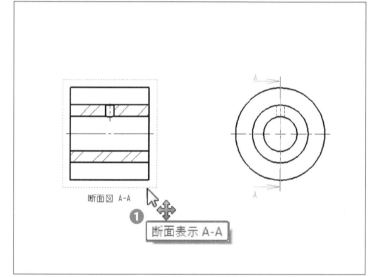

✔ **「断面図A-A」に参照されているモデルの履歴を展開します。**

❷ ツリーの「断面表示A-A」の▶をクリック。

❸ 「C005_平歯車1」の▶をクリック。

❹ 「s-基準円直径側面」を右クリック。

❺ メニューから「表示」をクリック。

❻ 右側面図に基準線が表示されました。

✔ **モデルの履歴のスケッチを表示します。**

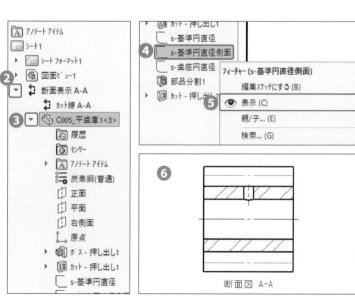

断面図 A-A

✔ 右側面図に歯車基準線を描きます。

✔ 「図面ビュー1」に参照されているモデルの履歴を展開します。

7 ツリーの「図面ビュー1」の▶をクリック。

8 「C005_平歯車1」の▶をクリック。

9 「s-基準円直径」を右クリック。

10 メニューから「表示」をクリック。

11 右側面図に基準線が表示されました。

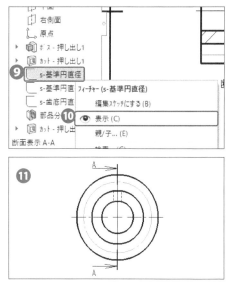

! 履歴が長い場合はスクロールして表示を調整します。

✔ ビューの多い図面では、ツリーを展開して長くなると、操作が煩雑になります。作業後はツリーを折りたたんで見やすくしておきます。

12 ツリーの上で右クリック。

13 メニューから「ツリー収縮」をクリック。

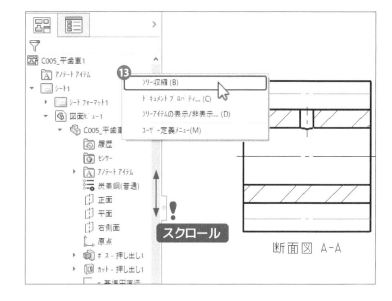

断面図 A-A

モデルのスケッチ

```
▶  カット - 押し出し1
     s-基準円直径
     s-基準円直径側面
     s-歯底円直径
```

今回描いた基準線は、モデルの履歴にあるスケッチを利用しました。

設計に必要な要素など、モデルにスケッチとして描き込むことで、容易に図面にも反映させることができます。

図面で利用したモデルの履歴のスケッチは図面からは変更できません。変更したい場合はモデルで変更します。

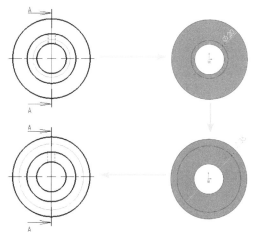

Chapter 4

図面でよく利用するコマンド

●ビューのトリミング

ビューの一部を切り取って表示します。

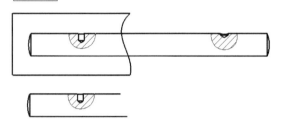

●破断表示

ビューに破断線を入れて、中間部を省略します。

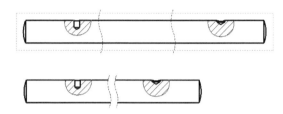

●補助図

直線エッジを選択して傾斜部を表現するための投影図を作成します。

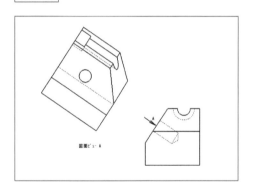

●代替位置ビュー

ビューに、想像線による可動部位置の追加を行います。

（使用するにはモデルのコンフィギュレーションが複数必要です）

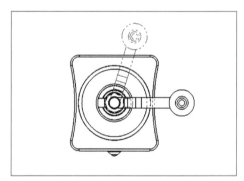

●モデル置き換え

ビューが参照しているモデルを、別のモデルと置き換えます。

一部分が修正された別のモデルなどと置き換えた場合には、入れた寸法が引き継がれるので、入れ直す手間が省けます。

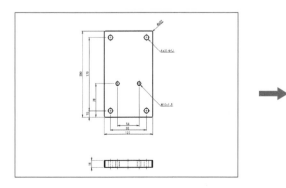

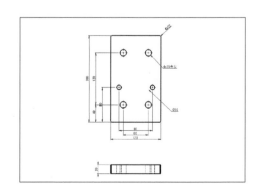

Chapter 4

■ 作図課題

図のように、寸法を入れます。ポイント解説を参考に図の寸法の表示を編集します。

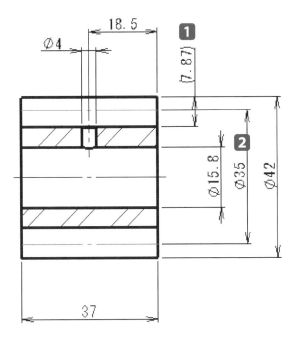
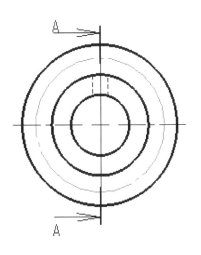

断面図 A-A

ポイント解説

1 参考寸法にする
① 括弧を追加したい寸法をクリック。
② 図のボタンをクリック。
　※P75参照

2 直径記号を入れる
① 直径記号を追加したい寸法をクリック。
② 図の箇所にカーソルを入れます。
③ 図のボタンをクリック。

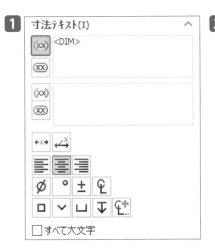
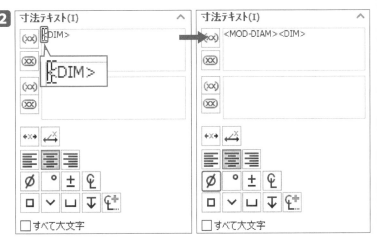

Chapter 4

図のように、寸法公差(上下許容差・穴公差・軸公差)を入れます。

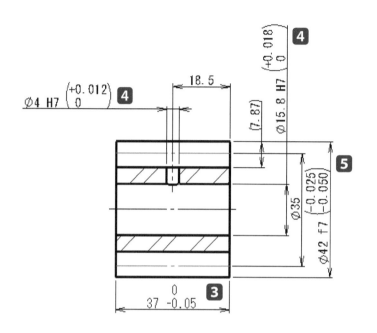
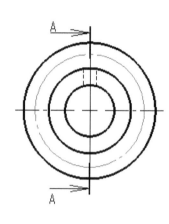

断面図 A-A

寸法公差の設定　　はめあい公差の入れ方はP76参照

3 上下寸法許容差の入力　**4** はめあい公差(穴公差)の入力　**5** はめあい公差(軸公差)の入力

図のように、表面性状を入れます。

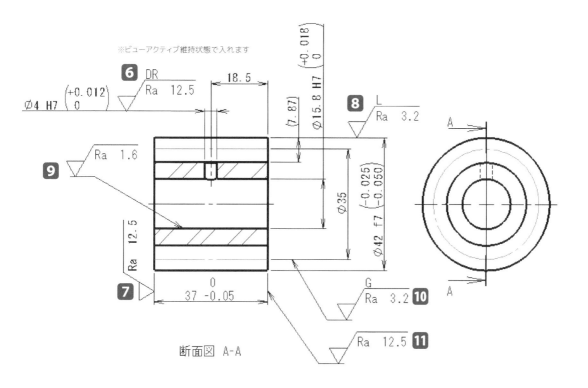

断面図 A-A

各表面性状の設定

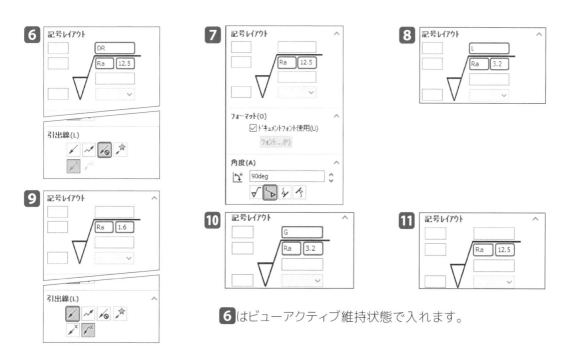

6 はビューアクティブ維持状態で入れます。

10

要目表を挿入する

歯形	標準
モジュール	3.5
圧力角	20°
歯数	10
基準円直径	35.00

歯車の要目表を挿入します。カスタムテーブルは表計算ソフトに類似した操作で扱うことができ、項目欄を必要な数だけ作成することができます。

1 要目表を挿入する

❶ ＜アノテートアイテム＞タブの「テーブル」をクリック。

❷ 「カスタムテーブル」コマンドをクリック。

✔ 図のように設定します。

❸ 「テーブルサイズ」

　列：2

　行：5

　枠の外枠：0.35mm

❹ 「OK」をクリック。

❺ 図面にポインタを動かし図に示す位置（任意）でクリック。

❻ カスタムテーブルが配置できました。

✔ テーブルについては次ページ「各種テーブル」を参照。

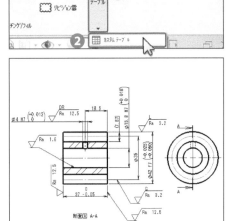

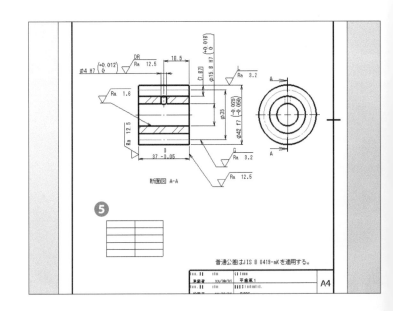

2 項目を記入する

✓ **項目を入力します。**

① 左上のA1のセルをクリック。

② 「歯形」と入力します。

③ Enterキーを2回押すと文字が確定し、次のセルに切り替わります。

④ 「モジュール」と入力します。

⑤ Enterキーを2回押します。

⑥ 同様に、「圧力角」「歯数」「基準円直径」と入力します。

✓ **値を入力します。**

⑦ B1のセルをクリック。

⑧ 「標準」と入力します。

⑨ Enterキーを2回押します。

⑩ 次のセルに「3.5」と入力します。

⑪ Enterキーを2回押します。

⑫ 同様に、「20°」「10」「35.00」と入力します。

⑬ Escキーで選択を解除します。

⑭ 要目表の入力ができました。

歯形 ②	
モジュール ④	
圧力角 ⑥	
歯数 ⑥	
基準円直径 ⑥	

歯形 ⑦	標準
モジュール ⑩	3.5
圧力角 ⑫	20°
歯数 ⑫	10
基準円直径 ⑫	35.00

各種テーブル

挿入した表は、表計算ソフトと概ね同様に操作できます。

このポインタ時にドラッグすると列幅を変更できます。

⊹	A	⟨‖⟩	B
1			
2			

左上のハンドルをクリックすると表全体が選択され、ドラッグすると表を移動することができます。

ドキュメントのフォント使用
クリックしてオフにすると下の項目が現れます。

セルのマージ
隣合っているセルを結合します。

セル
マス1つひとつを「セル」と呼びます。

MSゴシック | 12 | 3.5mm | 0mm B *I* U S

3 要目表を整える

✔ 列幅を整えます。

❶ 列の境界線をダブルクリック。

❷ テキストにフィットした列幅になります。

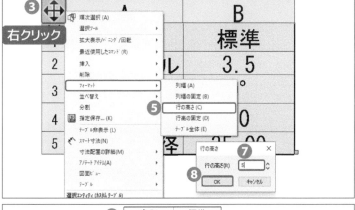

✔ 行の高さを整えます。

❸ 図に示す左上の十字の矢印を右クリック。

❹ 表全体が選択されメニューが表示されます。

❺ 「フォーマット」>「行の高さ」をクリック。

❻ 「行の高さ」のダイアログボックスが現れます。

❼ 「5」と入力します。

❽ 「OK」をクリック。

❾ 行の高さが変更できました。

✔ 表のタイトルを入れます。

❿ <アノテートアイテム>タブの「注記」コマンドをクリック。

⓫ 表の付近の図に示す位置でクリック。

⑫ テキストボックスに、「要目表_平歯車」と入力します。

⑬ テキストボックスの枠外でクリック。

⑭ Escキーでコマンドを解除します。

⑮ 要目表のタイトルが入りました。

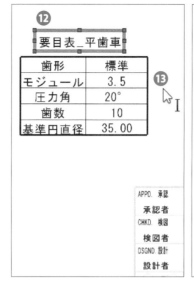

4 ビューの配置を整える

✔ 立体図を配置し、ビューと寸法の配置を整えて図面を仕上げます。

❶ 立体図を作成します。

✔ 立体図の作成についてはP59を参照。

❷ ビューと寸法の配置を整えます。

❸ 「平歯車1」の部品図が完成しました。

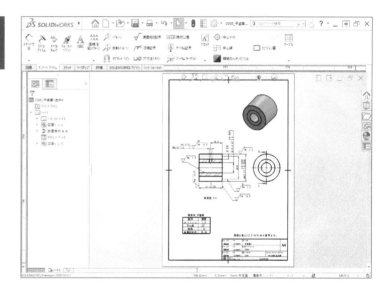

5 ドキュメントを保存する

✔ 展開したツリーを折りたたみます。

❶ ツリーの上で右クリック。

❷ メニューから「ツリー収縮」をクリック。

❸ 展開していたツリーが折りたたまれました。

❹ メニューバーの「保存」をクリックし、ドキュメントを閉じます。

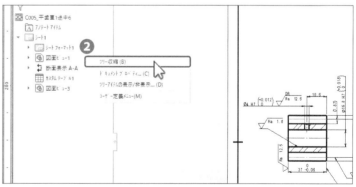

要目表を挿入する 101

部品図の作成　「Vプーリ」

 使用モデル：zumentraining>演習_歯車ポンプ>C007_Vプーリ.SLDPRT

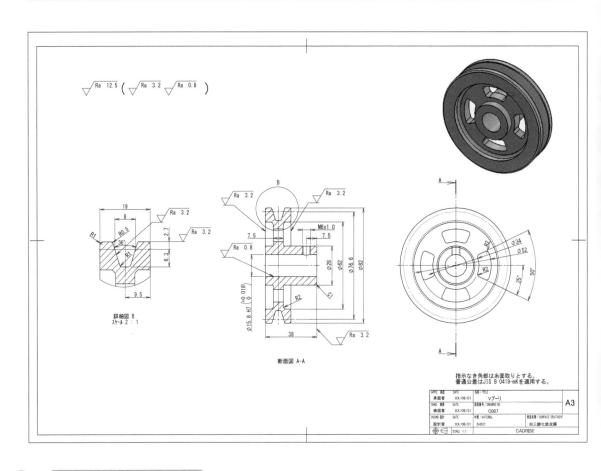

図面ナビ

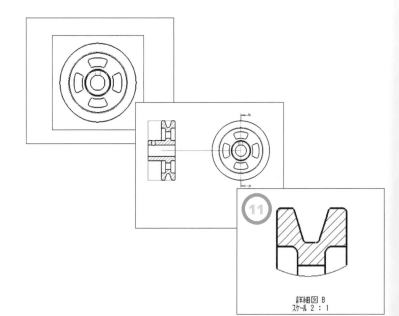

新しくビューを作成する

全断面図を作成する

(11) 詳細図(部分拡大図)を
作成する

中心線を入れる

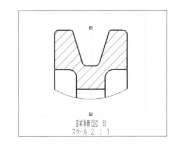

モデルの履歴を利用して基準
円を描く

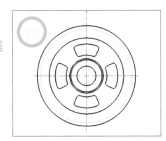

寸法を入れる

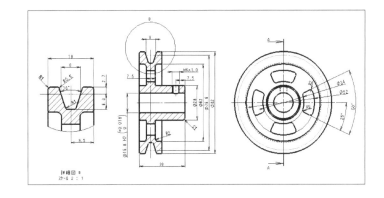

図面を仕上げる

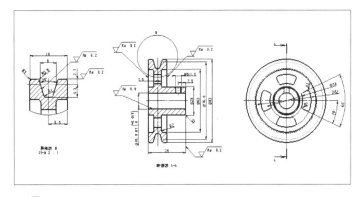

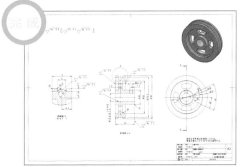

ビューの配置を整えて
保存する

11

詳細図(部分拡大図)を作成する

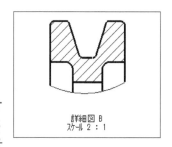

詳細図 B
スケール 2：1

Vプーリの全断面図と部分拡大図を作成します。

全断面図は、配置済みの右側面ビューから切断位置を決めて投影します。詳細図(部分拡大図)の拡大範囲は、スケッチで指示します。

1 ビューを配置して表示を調整する

❶ 「C007_Vプーリ」の部品ドキュメントを開き、形状を確認します。

❷ メニューバーの「新規」をクリック。

❸ <トレーニング>タブから「A3_CADRISE」を選択します。

❹ 「OK」をクリック。

❺ 図面ドキュメントが開きました。

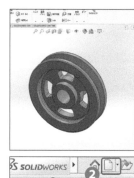

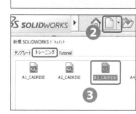

❻ 「モデルビュー」コマンドの挿入する部品から、「C007_Vプーリ」をダブルクリック。

✔ 図のように設定します。

❼ 表示方向：背面

　　「プレビュー」にチェック

❽ 表示スタイル：隠線表示

❾ 図に示す位置でクリック。

❿ 「OK」をクリックし、コマンドを解除します。

⓫ 図面シートの尺度が「1：1」になっていることを確認します。

2 図面ドキュメントを保存する

❶ メニューバーの「保存」をクリック。

❷ ダイアログボックスが現れたら「すべて保存」をクリック。

❸ 保存先に「演習_歯車ポンプ」フォルダを選択します。

❹ ファイル名が「C007_Vプーリ.SLDDRW」であることを確認し、「保存」をクリック。

✔ アラートメッセージが現れたら、「はい」をクリックします。

❺ 図面ドキュメントに名前をつけて保存ができました。

3 全断面図を作成する

✔ 全断面図を作成します。

❶ <図面>タブの「断面図」コマンドをクリック。

✔ 図のように設定します。

❷ カット線: 鉛直

「断面図の自動開始」にチェック。

❸ 右側面図の円の中心にポインタが一致していることを確認してクリック。

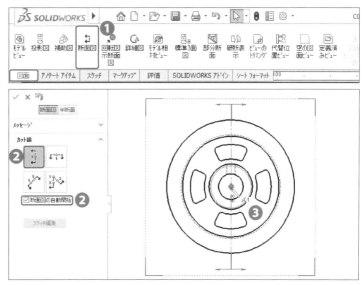

❹ ポインタを動かすと断面図のビューが現れます。

❺ 図に示す位置でクリック。

❻ 「OK」をクリックし、コマンドを解除します。

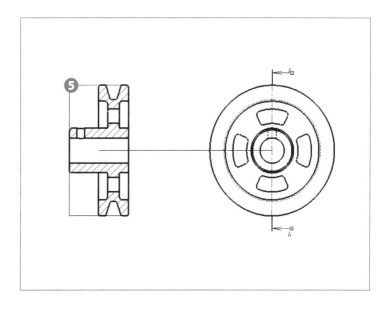

✔ **断面矢示方向を変更します。**

⑦ 切断線をクリック。

⑧ プロパティの「反対方向」をクリック。

⑨ ✓ 「OK」をクリック。

⑩ 断面図の方向が変わりました。

❗ 断面図のビューに変更が反映されていない場合はメニューバーの「再構築」をクリックします。

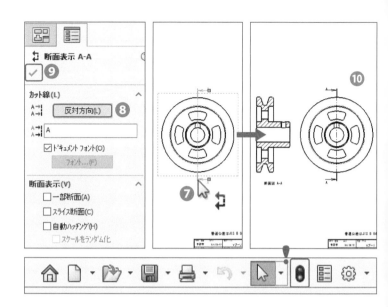

---

4 部分拡大図を作成する

✔ **断面図のV溝部分の部分拡大図を作成します。**

① <図面>タブの「詳細図」コマンドをクリック。

✔ **詳細図で表したい部分を中心に円を描きます。**

② 断面図の図に示す位置でクリック。

③ ポインタを動かして図に示す位置でクリック。

✔ **詳細図の範囲を表す円が描け、詳細図のプロパティが表示されます。**

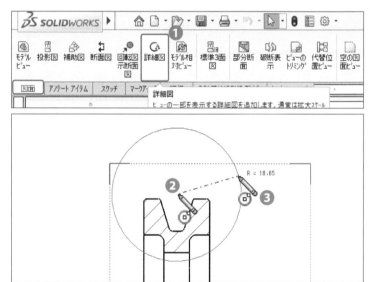

✔ **図のように設定します。**

④ ラベル: B

　ユーザー定義のスケール使用:
　チェック入れる

　スケール: 2:1

⑤ ポインタを動かして図に示す位置
　（任意）でクリック。

⑥ ✓ 「OK」をクリックし、コマンドを解除します。

⑦ 詳細図（部分拡大図）が作成できました。

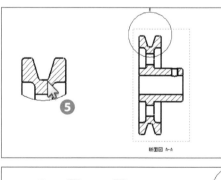

詳細図の設定の変更方法

●詳細図プロパティを立ち上げる

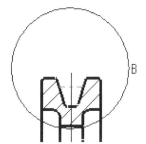

詳細図円、または詳細図ビュー
をクリックします。

●詳細図円の変更

「規格に従う」はオプションの詳細図円で
設定されたスタイルに従います。

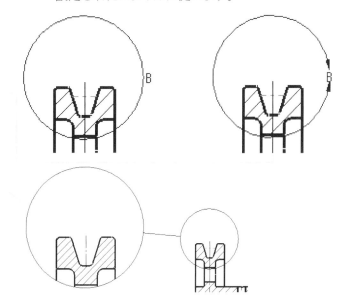

●詳細図の変更

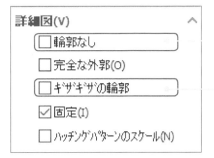

●詳細図円の編集

円の大きさを編集する場合は
円をドラッグ。

円の位置を変更する場合は
中心点をドラッグ。

5 中心線を入れる

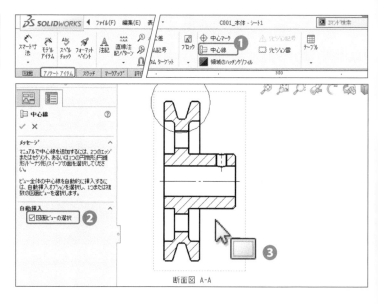

✔ **断面図に中心線を入れます。**

❶ <アノテートアイテム>タブの「中心線」コマンドをクリック。

❷ 自動挿入の「図面ビューの選択」にチェックを入れます。

❸ 断面ビューをクリック。

✔ **中心線コマンドが継続しています。**

断面図 A-A

✔ **V溝に中心線を入れ、中心線を延長します。**

❹ 自動挿入の「図面ビューの選択」のチェックを外します。

❺ 図に示すV溝のエッジをクリック。

❻ 「OK」をクリック。

❼ 中心線をドラッグして延長します。

❽ 同様に詳細図のV溝に中心線を入れます。中心線の延長方法はP46参照。

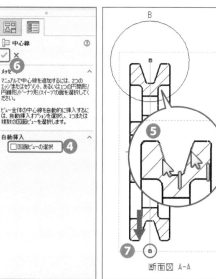

断面図 A-A

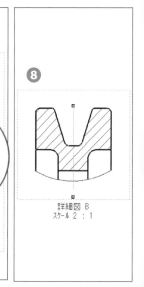

詳細図 B
スケール 2：1

✔ **右側面図に中心線を入れます。**

❾ <アノテートアイテムタブ>の「中心マーク」コマンドをクリック。

❿ 「単一中心マーク」をクリック。

⓫ 右側面図の外形円をクリック。

⓬ 「OK」をクリック。

⓭ 右側面図に中心線が入りました。

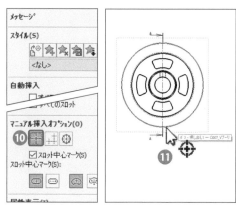

12

モデルの履歴を利用して基準円を描く

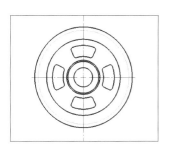

配置したビューに、モデルの履歴のスケッチを表示することができます。
ここではモデルの履歴から、プーリ基準円や基準円直径のスケッチを表示します。

表示したスケッチを元に、新たに基準線を描き込みます。

1 基準円を表示する

✔ **断面図にプーリ呼び径を示す線を入れます。**

① ツリーの「断面表示A-A」▶＞「C007_Vプーリ」▶をクリックしモデルの履歴を展開します。

② 履歴から「s-V溝」を右クリック。

③ メニューから「表示」をクリック。

④ 断面図に基準線が表示されました。

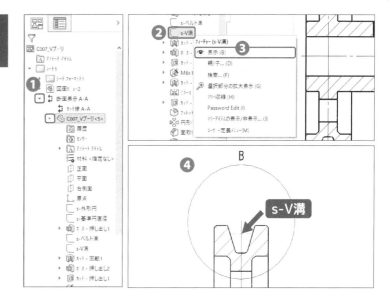

✔ **表示した基準線を元に新しく基準線を描きます。**

⑤ ＜スケッチ＞タブの「直線」の▼をクリック。

⑥ 「中心線」コマンドをクリック。

⑦ 表示した基準線の左の端点をポイントします。

✔ **ポイントするだけでクリックはしません。**

⑧ 左にポインタを動かして、推測線と水平拘束が出る位置でクリック。

⑨ 右にポインタを動かして水平と一致拘束が出る位置でクリック。

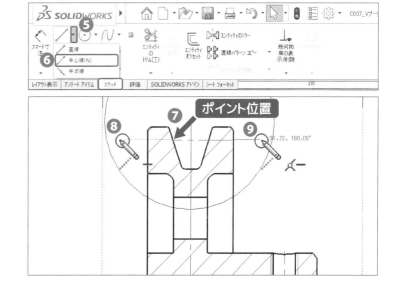

⑩ 基準線が描けました。

⑪ Escキーでコマンドを解除します。

⑫ 同様に下側にも基準線を描きます。

⑬ Escキーでコマンドを解除します。

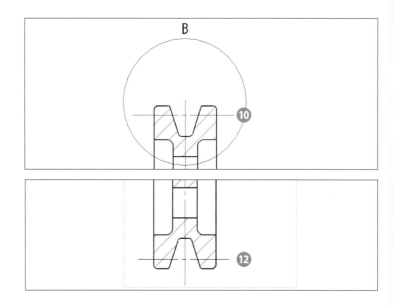

✔ 断面図と同様に、詳細ビューにプーリ呼び径を示す線を描きます。

⑭ ツリーの「詳細図B」▶＞「C007_Vプーリ」▶をクリックしモデルの履歴を展開します。

⑮ 履歴から「s-V溝」を右クリック。

⑯ メニューから「表示」をクリック。

⑰ 表示された基準線を元に、断面図と同様に新しく基準線を描きます。

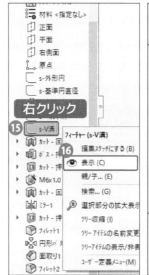

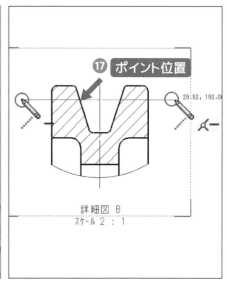

詳細図 B
スケール 2 : 1

✔ 後でV溝幅の寸法を入れるため、表示した基準線はそのまま表示しておきます。

✔ 右側面図にプーリ呼び径を示す線を入れます。

⑱ ツリーの「図面ビュー1」▶＞「C007_Vプーリ」▶をクリックしモデルの履歴を展開します。

⑲ 履歴から「s-基準円直径」を右クリック。

⑳ メニューから「表示」をクリック。

㉑ 基準円が表示されました。

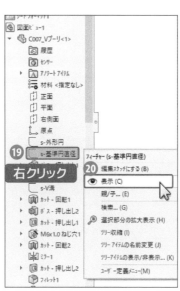

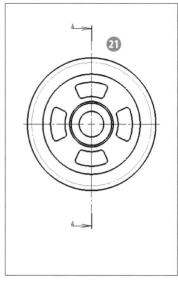

■ 作図課題

図のように、寸法を入れます。
ポイント解説を参考に図の寸法の表示の変更や、はめあい公差を入れます。

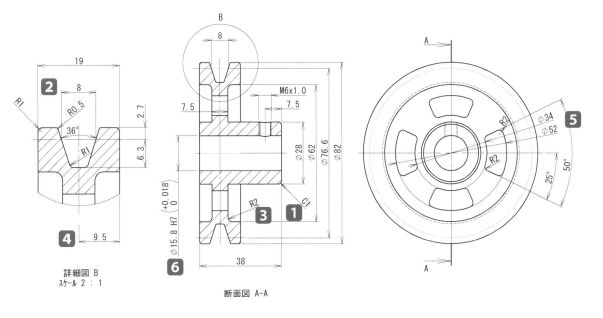

詳細図 B
スケール 2：1

断面図 A-A

ポイント解説　　　　▶ポイント解説の手順は次ページを参照

1 面取り寸法を入れる（復習）

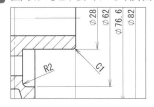

2 V溝幅の寸法を入れる

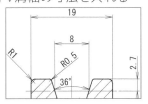

3 矢印の向きを変える

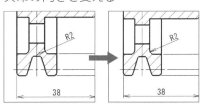

4 寸法補助線の表示

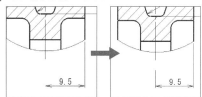

5 半径表記を直径表記に変更する

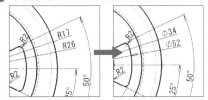

6 はめあい公差を入れる（復習）

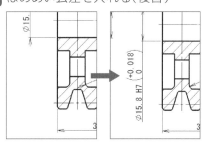

1 断面図に面取り寸法を入れる

① <アノテートアイテム>タブの「スマート寸法」の▼をクリック。

② 「面取り寸法」コマンドをクリック。

③ 図に示す斜めのエッジをクリック。

④ 隣接するエッジをクリック。

⑤ 右下に配置します。

⑥ ✔ 「OK」をクリック。

⑦ 面取り寸法が入りました。

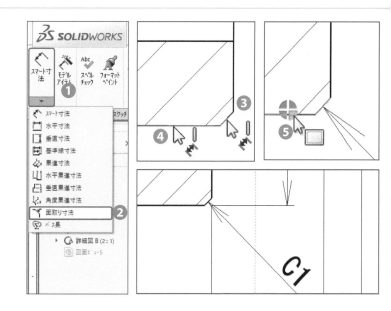

2 詳細図にV溝幅寸法を入れる

✔ 表示した「s-V溝」の基準線を選択して寸法を入れます。

① <アノテートアイテム>タブの「スマート寸法」コマンドをクリック。

② 図に示す線の上で右クリック。

✔ 線が重なって選択しづらい場合は「順次選択」を使います。

③ メニューから「順次選択」をクリック。

④ 直線「s-V溝」をクリック。

⑤ 上に配置します。

⑥ V溝幅の寸法が入りました。

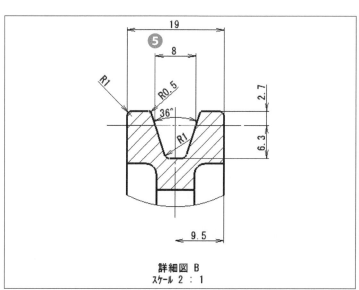

Chapter 4

3 矢印の向きを変える

1 図に示す点をクリック。

2 矢印の方向が変わります。

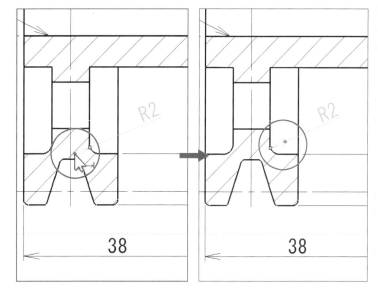

4 寸法補助線の表示

! 詳細ビューの寸法を入れると補助線が表示されないことがあります。

1 <アノテートアイテム>タブの「スマート寸法」コマンドをクリック。

2 図に示す中心線とエッジをクリックし、下側に寸法を配置します。

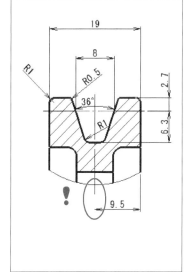
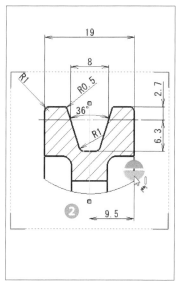

3 Escキーでコマンドを解除します。

4 左側の寸法矢印の上で右クリック。

5 表示オプションの「短縮表示」をクリックし、チェックを外します。

✔ 中心線の入れ方により寸法補助線の表示が異なります。
右クリックメニューから「短縮表示」が選択できない場合はP108の手順で中心線を入れなおします。

6 寸法補助線が表示されました。

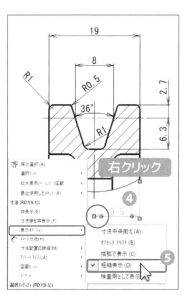
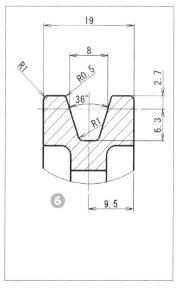

5 半径表記を直径に変更する

❶ <アノテートアイテム>タブの「スマート寸法」コマンドをクリック。

❷ 図に示す円弧のエッジをクリックし寸法を配置します。

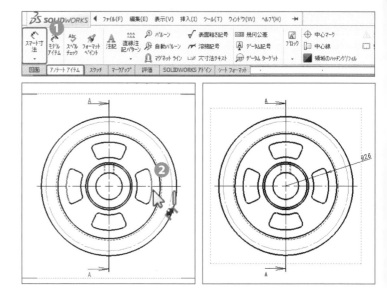

❸ 寸法プロパティの<引出線>タブに切り替えます。

✔ 図のように設定します。

❹ ❶ 🖉:「直径」

　❷「ドキュメントの2つ目の矢印設定使用」のチェックを外す。

　❸ 🖉:「2矢印/実線引出線」

　❹「ユーザー定義テキスト位置」のチェックを入れる。

　❺ 🖉:「実線、整列テキスト」

❺ 寸法の表示が直径表記に切り替わりました。

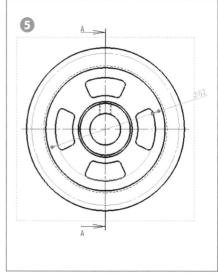

6 はめあい公差を入れる

❶ 断面図の図に示す寸法をクリック。

✔ 図のように設定します。

❷「公差/小数位数」

　公差のタイプ: はめあい公差

　分類: 中間ばめ

　穴基準はめあい: H7

　H7/g6 :「直線状表示」

　括弧で表示: チェックを入れる

　小数位数: .123

❸ ✔ 「OK」をクリック。

❹ はめあい公差が入りました。

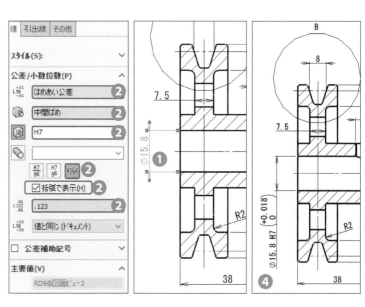

■ 作図課題

ポイント解説を参考に表面性状や、注記の編集をして図面を仕上げます。

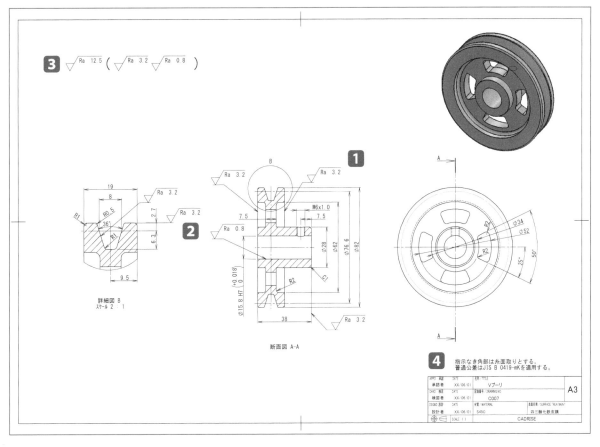

ポイント解説　　▶2、4のポイント解説の手順は次ページを参照

1 表面性状を入れる
P54を参照

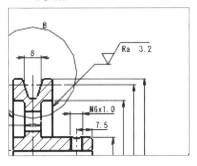

2 補助線のある表面性状を入れる

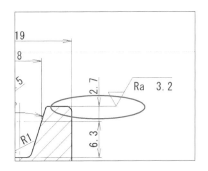

3 表面性状の簡略図示を入れる
P79を参照

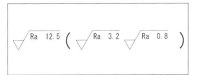

4 注記を入れる

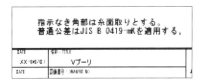

2 補助線のある表面性状を入れる

❶ 「表面粗さ記号」コマンドをクリック。

✔ 図のように設定します。

❷  ： 除去加工が必要な場合

測定長さ：Ra

その他の粗さ値：3.2

引出線：引出線なし

❸ 図に示す寸法補助線をクリックし
ポインタを右へ移動します。

✔ この時点では補助線が表示され
ません。

❹ ❸でクリックした寸法補助線より
上側でクリック。

✔ ポインタの位置により配置の方
向が決まります。

❺  「OK」をクリックし、コマンド
を解除します。

✔ 表示されない場合はメニュー
バーの ◉「再構築」をクリックし
ます。

❻ 補助線のある表面性状が配置で
きました。

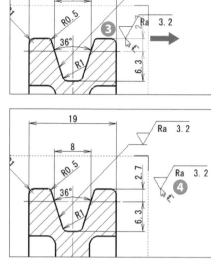

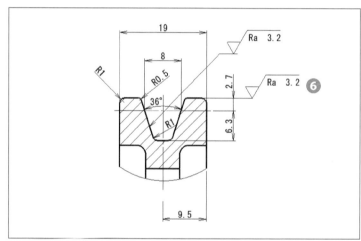

✔ 表面性状をエッジにスナップして
配置後、ドラッグして移動しても
補助線が入ります。

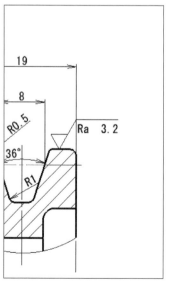

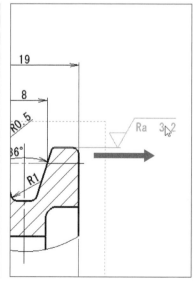

4 注記を入れる

✔ 図面シートフォーマットに切り替えます。

❶ <シートフォーマット>タブの「シートフォーマット編集」をクリック 。

❷ テキストをダブルクリック。

❸ 先頭にカーソルを入れて次のテキストを追加します。

「指示なき角部は糸面取りとする。」

❹ Enterキーで改行します。

❺ ✔ 「OK」をクリック。

❻ 注記が入力できました 。

❼ 確認コーナーから「シートフォーマット編集終了」クリックしてシートフォーマット編集を終了します。

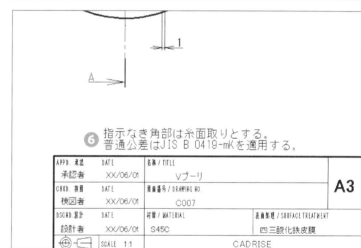

---

2 ビューの配置を整えて保存する

❶ 立体図を挿入します。

✔ 立体図の挿入についてはP59を参照。

❷ ビューと寸法の配置を整えます。

❸ 「Vプーリ」の部品図が完成しました。

❹ メニューバーの「保存」をクリックし上書き保存します。

❺ ドキュメントを閉じます。

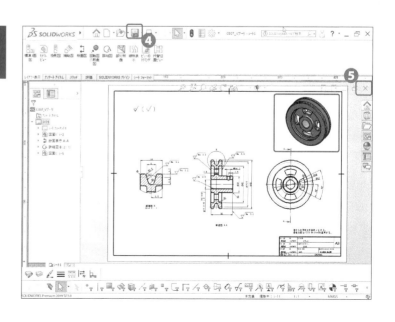

部品図の作成 「本体」

 使用モデル：zumentraining>演習_歯車ポンプ>C001_本体.SLDPRT

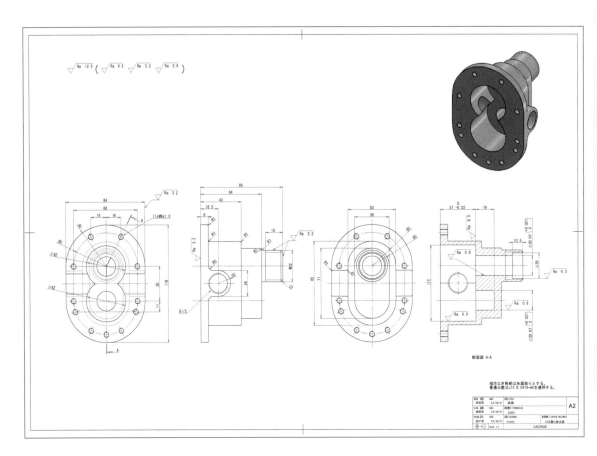

図面ナビ

新しくビューを作成する

13 2つの平面で切断した
断面図の作成

中心線を描く

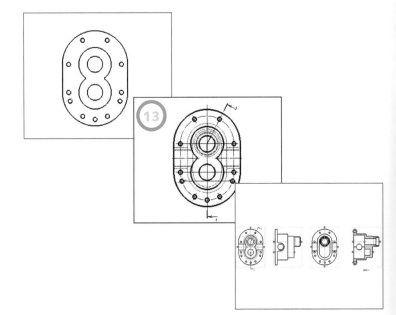

寸法を入れる

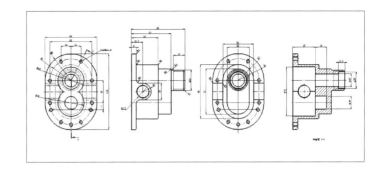

はめあい公差を入れる

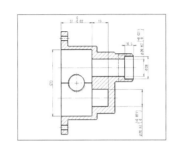

表面性状を入れる

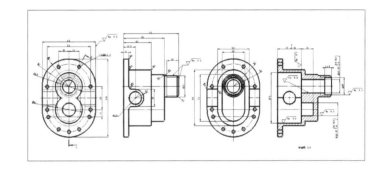

注記の文章を追加する

指示なき角部は糸面取りとする。
普通公差はJIS B 0419-mKを適用する。

ビューの配置を整えて
保存する

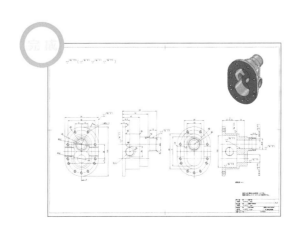

13

2つの平面で切断した断面図の作成

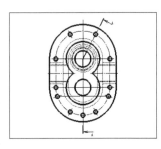

モデルの形状によっては、2つ、あるいはそれ以上の面で切断した断面図が必要となります。ここでは、モデル中心と穴位置を基準とした2平面で切断した断面図を作成します。

1 タスクパネルからビューを作成する

❶ 「C001_本体」の部品ドキュメントを開き形状を確認します。

❗ 「C001_本体」部品ドキュメントは開いたままにしておきます。

❷ メニューバーの「ファイル」をクリック。

❸ 「部品から図面作成」をクリック。

✔ 「新規SOLIDWORKSドキュメント」のダイアログが開きます。

❹ <トレーニング>タブから「A2_CADRISE」を選択します。

❺ 「OK」をクリック。

❻ 図面ドキュメントが開きました。

✔ 部品から図面作成をすると、自動的にタスクパネルが表示されます。

❼ タスクパネルから「正面」のビューをドラッグ。

❽ 図に示す位置（任意）でドロップします。

❾ 正面図が作成できました。

❗ 投影ビューの自動開始にチェックが入っていると続けてビューが配置できます。

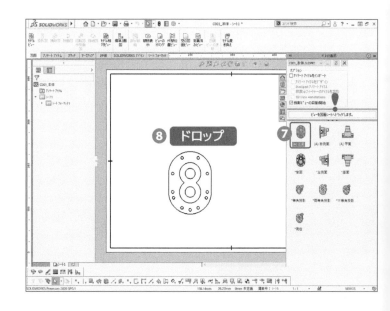

⑩ 続けてポインタを右に動かしてク
　リック。

⑪ 右側面図が作成できました。

⑫ 「OK」をクリックし、コマンド
　を解除します。

⑬ 図面シートの尺度が「1：1」に
　なっていることを確認します。

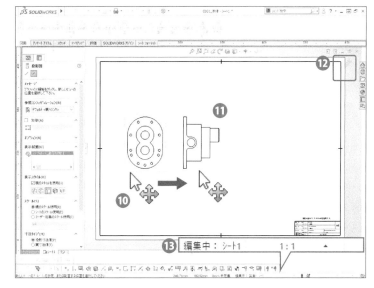

Chapter 4

2　既存のビューから投影図を追加する

① <図面>タブの「投影図」コマンド
　をクリック。

② 右側面図をクリック。

③ ポインタを右に動かしてクリック。

④ 「OK」をクリック。

⑤ 背面図が作成できました。

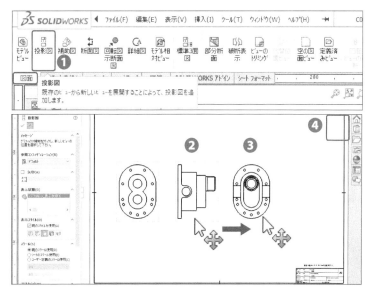

⑥ 正面図を選択して表示スタイル
　の「隠線表示」をクリック。

⑦ すべてのビューに隠線が表示さ
　れました。

✓ 挿入したビューには、挿入手順に
　よって親子関係が発生します。親
　子関係については本書P41参照。

⑧ Escキーで選択を解除します。

⑨ Ctrlキーを押しながら右側面と
　背面図を選択します。

⑩ 表示スタイルで「親のスタイルを
　使用」のチェックを外し「隠線な
　し」にします。

⑪ 正面図以外のスタイルが変更さ
　れました。

⑫ Escキーで選択を解除します。

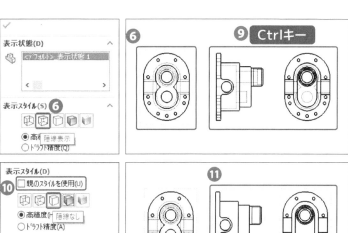

3 断面図を作成する

① <図面>タブの「断面図」コマンドをクリック。

✔ **図のように設定します。**

② カット線：整列

③ 「断面図の自動開始」にチェックを入れます。

④ 正面図の図に示す円の中心をクリック。

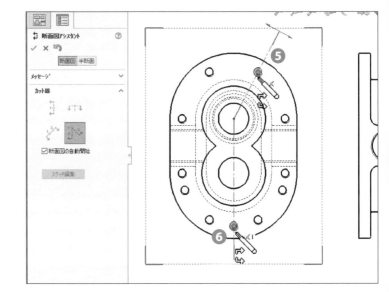

⑤ ポインタを右上に動かして図に示す円の中心をクリック。

⑥ ポインタを下に動かして図に示す円の中心をクリック。

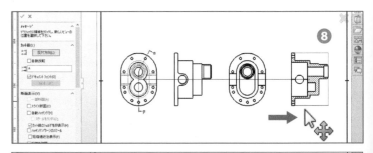

⑦ 断面図が現れます。

⑧ ポインタを右に動かしてクリック。断面図を配置します。

⑨ 「OK」をクリックし、コマンドを解除します。

⑩ 断面図が作成できました。

⑪ ビューの配置を整えます。

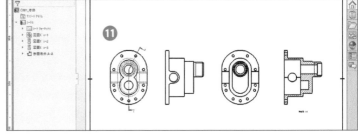

4 図面ドキュメントを保存する

① メニューバーの「保存」をクリック。

② ダイアログボックスが現れます。

③ 「すべて保存」をクリック。

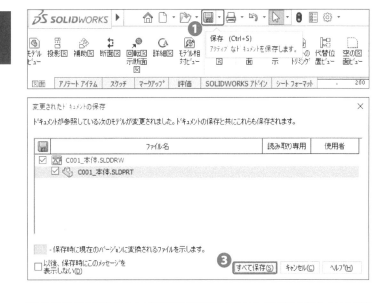

④ 保存先に「演習_歯車ポンプ」フォルダを選択します。

⑤ ファイル名が「C001_本体」であることを確認します。

⑥ 「保存」をクリック。

✔ アラートメッセージが現れたら「はい」をクリックします。

⑦ 図面ドキュメントに名前をつけて保存ができました。

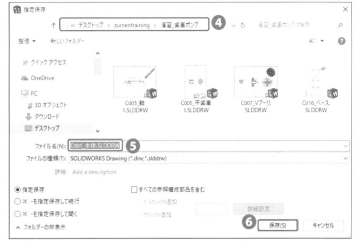

5 断面図にねじ谷を描く

✔ 自動的に表示されないねじ穴に、ねじ谷を描きます。

① 断面図のビューをダブルクリック。

② ビューを囲む破線の角が太い実線に変わります。

✔ この状態を「アクティブ維持」状態といいます。

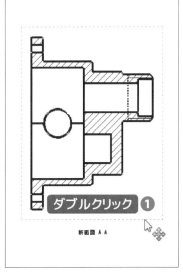

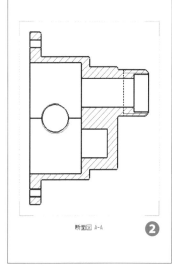

❸ ビューの外でクリック。

❹ 破線がピンク色になります。

❺ 「アクティブ維持」状態が継続しています。

✔ 「アクティブ維持」状態で描いたスケッチ線は、そのビューの一部となります。

❗ ねじ谷のスケッチを描きます。

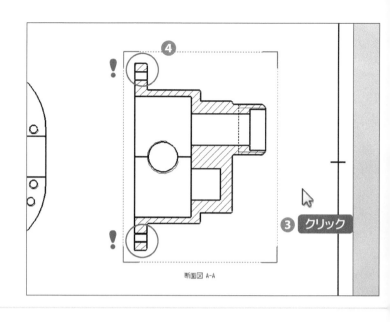

断面図 A-A

❸ クリック

アクティブ維持

アクティブ維持とは、特定のビューに関連付けてスケッチやアノテートアイテムを入れる場合に、そのビューが指定された（アクティブな）状態をいいます。

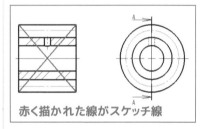

赤く描かれた線がスケッチ線

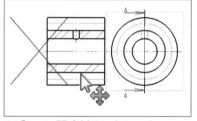

●ビューに関連付けのないスケッチ

ビューをアクティブにせずに描いたスケッチは、そのビューの一部と認識されない場合があり、ビュー移動時にスケッチがついてきません。

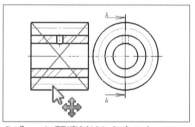

●ビューに関連付けられたスケッチ

ビューをアクティブにして描いたスケッチは、ビューの一部となるため、ビュー移動時にスケッチも一緒に移動します。

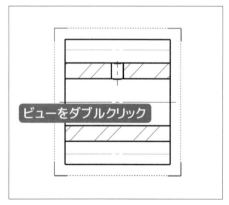

ビューをダブルクリック

ビューをアクティブ維持にするにはビューをダブルクリック。4隅が実線で表示されます。

解除するにはビューの枠の外でもう一度ダブルクリックします。

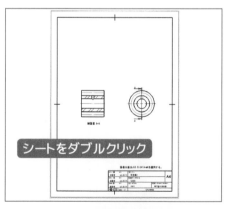

シートをダブルクリック

特定のビューに関係を持たせないようにシートをアクティブ維持にすることもできます。シート内の、ビューが選択に入らない場所でダブルクリック。シート枠外の色が変わり、シートがアクティブ維持状態になります。

✔ エンティティオフセットで、線を平行複写します。

⑥ 図に示すエッジをクリック。

⑦ 選択状態で<スケッチ>タブの「エンティティオフセット」コマンドをクリック。

⑧ オフセット距離を「0.5mm」にします。

⑨ オフセット方向をプレビューで確認します。

❗ オフセット方向が逆の場合は「反対方向」にチェックを入れます。

⑩ ✔ 「OK」をクリック。

⑪ 線が追加できました。

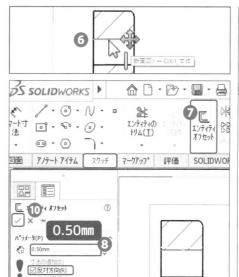

⑫ 図に示すエッジをクリック。

⑬ 選択状態で「エンティティオフセット」をクリック。

⑭ オフセット距離が「0.5mm」であることを確認します。

⑮ プレビューで確認して下側にオフセットします。

❗ オフセット方向が逆の場合は「反対方向」にチェックを入れます。

⑯ ✔ 「OK」をクリック。

⑰ 線が追加できました。

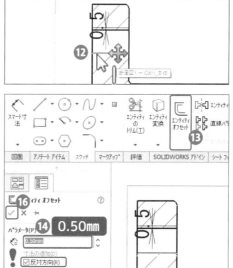

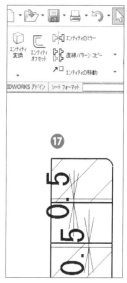

✔ ねじ谷の寸法は不要なので、オフセット距離の寸法を非表示にします。

⑱ Ctrlキーを押しながら図に示す寸法をクリック。

⑲ 2つの寸法を選択状態で右クリック。

⑳ メニューから「非表示」をクリック。

㉑ 寸法が非表示になりました。

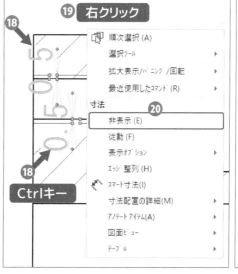

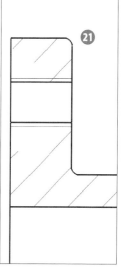

㉒ ビューの枠外でダブルクリックし
断面図ビューのアクティブな状
態を解除します。

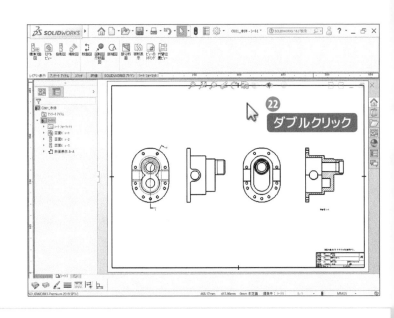

寸法の表示・非表示

寸法を右クリックしてメニューから非表示をクリックすると、その寸法が非表示になります。

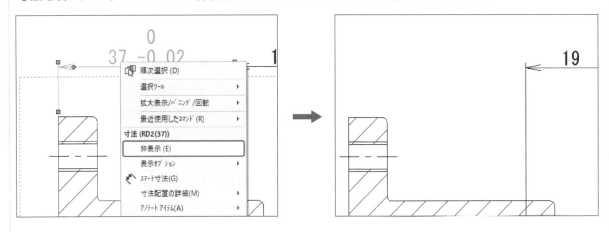

非表示にした寸法を表示させるには、コマンド「アノテートアイテムの表示/非表示」から行えます。
メニュー>表示>非表示/表示>アノテートアイテム

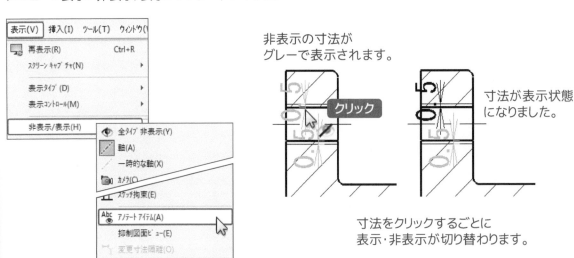

非表示の寸法が
グレーで表示されます。

クリック

寸法が表示状態
になりました。

寸法をクリックするごとに
表示・非表示が切り替わります。

Chapter 4

■ 作図課題

完成図を参考に、中心線を入れます。

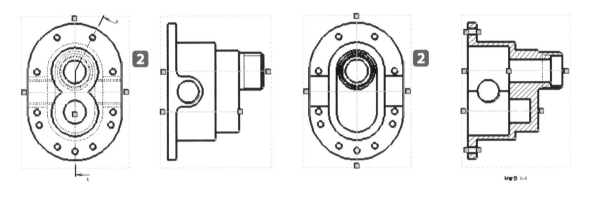

ポイント解説

1 ビューに中心線を入れる

アノテートアイテムタブ>「中心
線」コマンド

図面ビューの選択：チェックを入
れる

4つのビューをクリック。

2 エッジ選択で中心線を入れる

アノテートアイテムタブ>「中心
線」コマンド

図面ビューの選択：チェックを外す

正面図・背面図の図で指示した
2つのエッジをクリック。

2つのエッジの中心に中心線が
描かれます。

描かれた中心線を延長します。

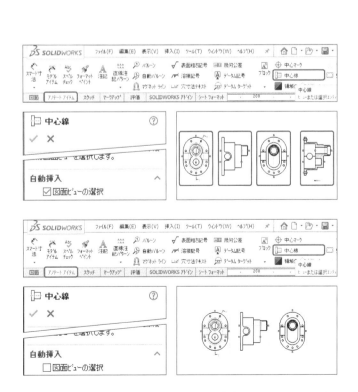

6 中心マークを入れる

① <アノテートアイテム>タブの「中心マーク」コマンドをクリック。

② マニュアル挿入オプションの「単一中心マーク」をクリック。

③ 右側面図の図に示す円をクリック。

④ 中心マークが入りました。

✔ **断面図に中心マークを入れます。**

⑤ 断面図の図に示す円弧をクリック。

⑥ 中心マークが入りました。

⑦ 「OK」をクリックし、コマンドを解除します。

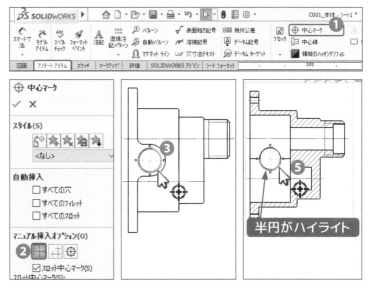

半円がハイライト

✔ **正面図に中心マークを入れます。**

⑧ <アノテートアイテム>タブの「中心マーク」コマンドをクリック。

⑨ マニュアル挿入オプションの「直線中心マーク」をクリック。

⑩ 「接続線」にチェックが入っていることを確認します。

⑪ 正面図の4つの円を順にクリックします。

⑫ 中心マークが入りました。

⑬ 「OK」をクリックし、コマンドを解除します。

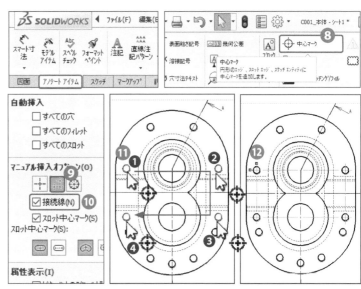

✔ **M6のねじ穴に中心マークを入れます。**

⑭ <アノテートアイテム>タブの「中心マーク」コマンドをクリック。

⑮ マニュアル挿入オプションの「円形中心マーク」をクリック。

⑯ 「円形線」にチェックが入っていることを確認します。

✔ **チェックを入れると円形に中心線が入ります。**

⑰ 図に示す4つの穴を順にクリック。

⑱ 「OK」をクリックし、コマンドを解除します。

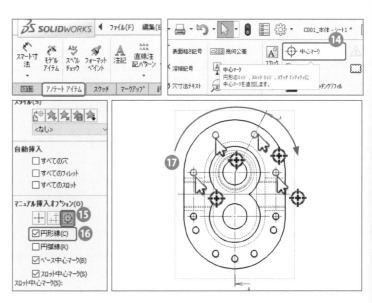

Chapter 4

7 中心線を編集する

- ✔ 中心線の不要な部分を削除します。
- ❶ 中心線の削除したい側をクリック。
- ❷ Deleteキーを押します。
- ✔ 中心線マークを接続している線はそれぞれ独立した要素です。

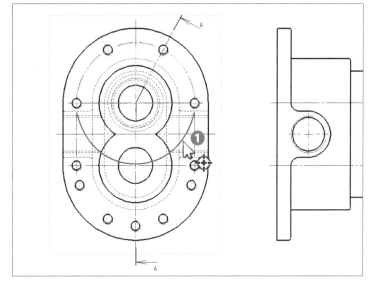

- ✔ 下の穴も同様に行います。
- ❸ <アノテートアイテム>タブの「中心マーク」コマンドをクリック。
- ❹ マニュアル挿入オプションの「円形中心マーク」をクリック。
- ❺ 「円形線」にチェックが入っていることを確認します。
- ❻ 図に示す7つの穴を順にクリック。
- ❼ 「OK」をクリックし、コマンドを解除します。
- ❽ 中心線の不要な部分を削除します。

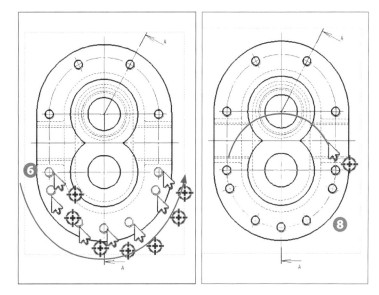

8 中心線を描き加える

- ✔ 正面図の2つの円の中心を結ぶ中心線を描きます。
- ❶ 正面図のビュー枠線をダブルクリックしてアクティブな状態にします。

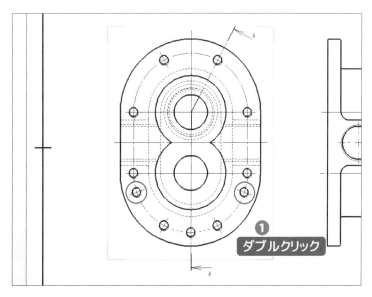

❷ <スケッチ>タブの「中心線」コマンドをクリック。

❸ 図に示す円の中心をクリック。

❹ ポインタを水平に動かして反対側の円の中心でクリック。

❺ Escキーでコマンドを解除します。

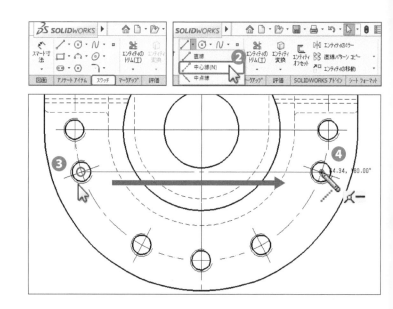

❻ 2つの円を結ぶ中心線が描けました。

❼ ビューの枠外でダブルクリックし正面図ビューのアクティブな状態を解除します。

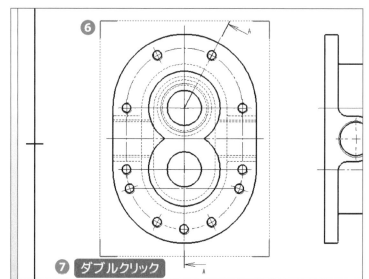

❽ 背面図も同様に中心マークを入れます。

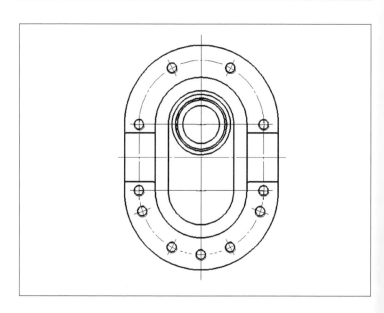

■ 作図課題

図のように、正面図に寸法を入れます。

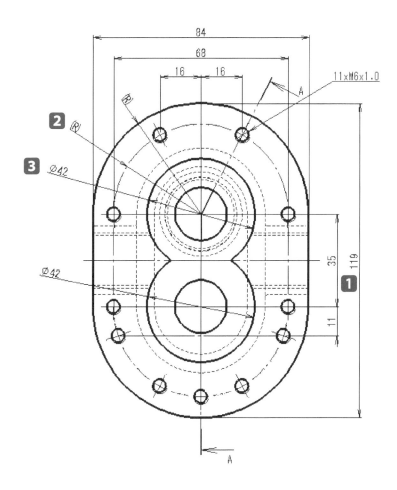

ポイント解説

1 119mmの外形：引出線＞円弧の状態の第1円弧と第2円弧を「最大」にします。

2 （R）の表記方法：寸法テキストの〈DIM〉削除。括弧を追加をクリック。

3 Φ42の表記方法：図のように設定

：直径

ドキュメントの2つ目の矢印設定使用：チェック外す

⊘：2矢印/実線引出線

ユーザー定義テキスト位置：チェックを入れる

⊘：実線、整列テキスト

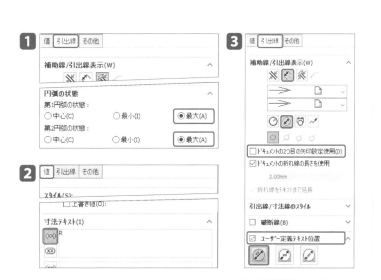

図のように、右側面図に寸法を入れます。

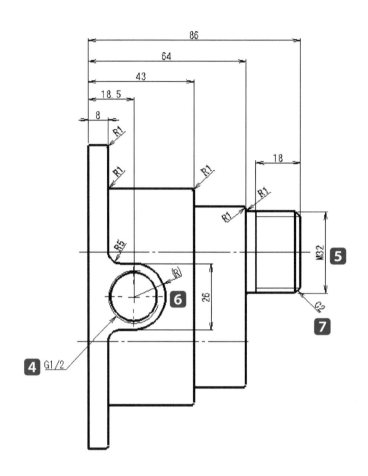

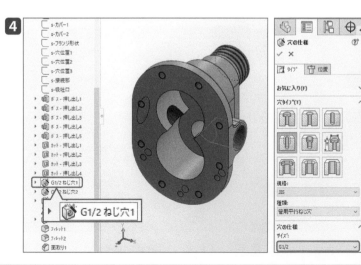

図のように、背面図・断面図に寸法を入れます。

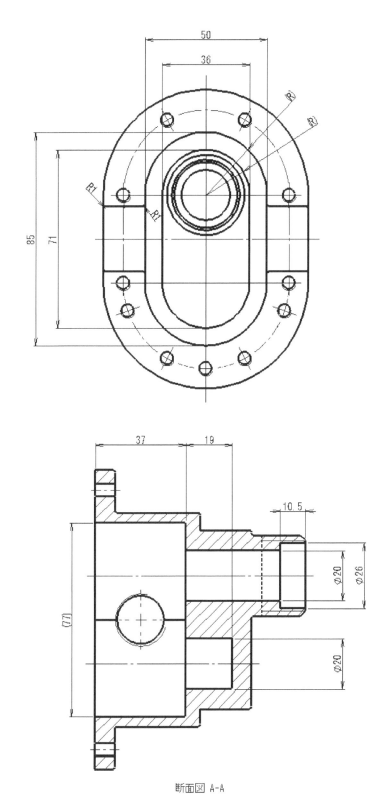

断面図 A-A

断面図に図のように、公差を入れます。

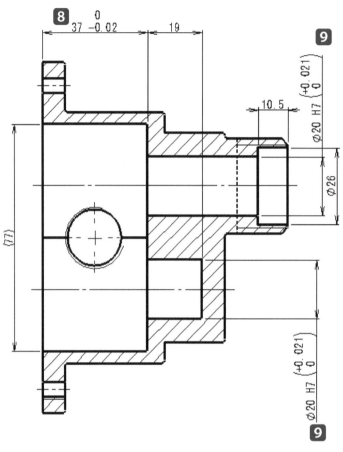

断面図 A-A

図のように、表面性状を入れます。

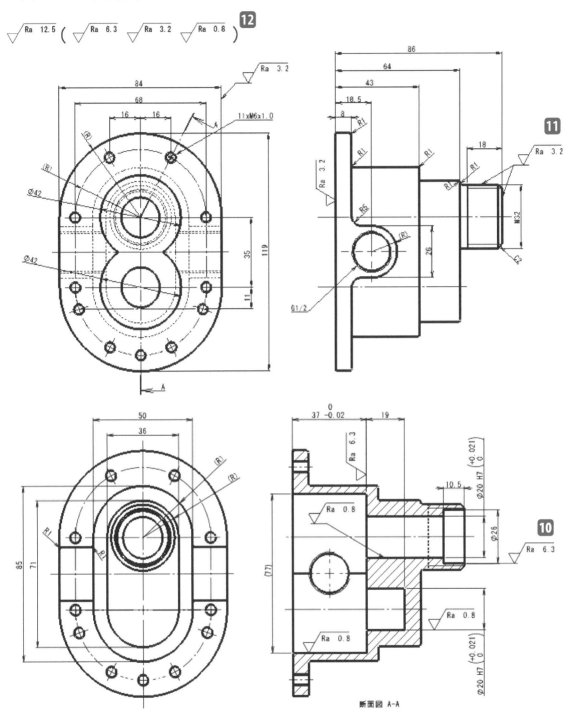

断面図 A-A

ポイント解説　　▶10、11のポイント解説の手順は次ページを参照

10 補助線を延長する

11 引出線を追加する

12 表面性状の簡略図示を入れる
（P79参照）

⓾ 補助線を延長する

① <アノテートアイテム>タブの「表面粗さ記号」コマンドをクリック。

✔ 図のように設定します。

② ▽: 除去加工が必要な場合
測定長さ: Ra
その他の粗さ値: 6.3

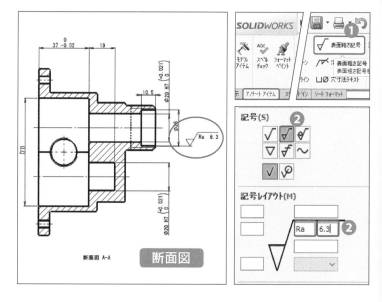

断面図 A-A　**断面図**

③ φ26の寸法補助線をクリック。

④ ポインタを動かして空いている箇所でクリック。

⑤ ✔ 「OK」をクリック。

！ 「再構築」を押すと、補助線が伸びているのが確認できます。

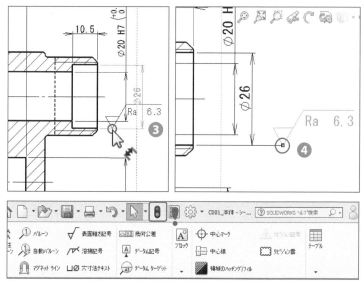

⓫ 引出線を追加する

① 引出線を追加する表面性状を選択します。

② Ctrlキーを押しながら、矢印の端点のグリップをドラッグします。

③ 図に示すエッジを指し、ドロップします。

④ 引出線が追加されました。

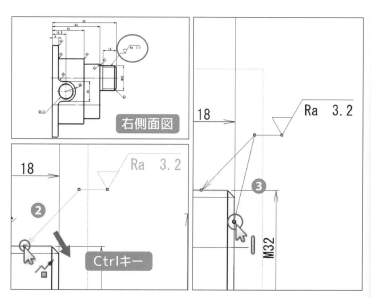

右側面図

Ctrlキー

9 既存の注記に文章を追加する

① <シートフォーマット>タブの「シートフォーマット編集」コマンドをクリック。

② シートフォーマット編集に入りました。

✓ 既存の注記(普通公差はJIS B 0419-mKを適用する)に文章を追加をします。

③ テキストをダブルクリックして次の注記を追加します。

「指示なき角部は糸面取りとする。」

④ 文字枠の外でクリックして選択を解除します。

⑤ 注記が追加できました。

⑥ テキストをドラッグして配置を整えます。

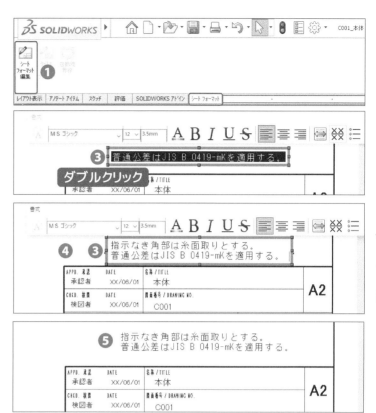

✓ シートフォーマット編集を終了し図面シート編集に戻ります。

⑦ 確認コーナーの「シートフォーマット編集終了」をクリック。

⑧ 図面シート編集に戻りました。

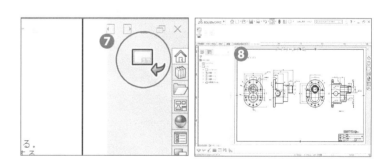

10 ビューの配置を整えて保存する

① 立体図を挿入します。

✓ 立体図の挿入についてはP59参照。

② ビューと寸法の配置を整えます。

③ 「本体」の部品図が完成しました。

✓ 展開したツリーを折りたたみます。

④ メニューバーの「保存」をクリックし上書き保存します。

⑤ ドキュメントを閉じます。

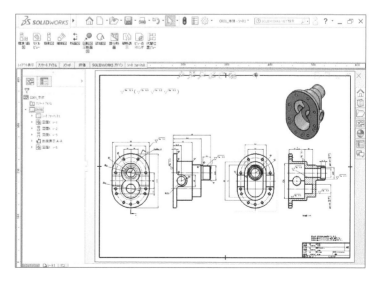

部品図の作成 「ベース」の図枠の差し替え

使用図面：zumentraining>演習_歯車ポンプ>C016_ベース.SLDDRW

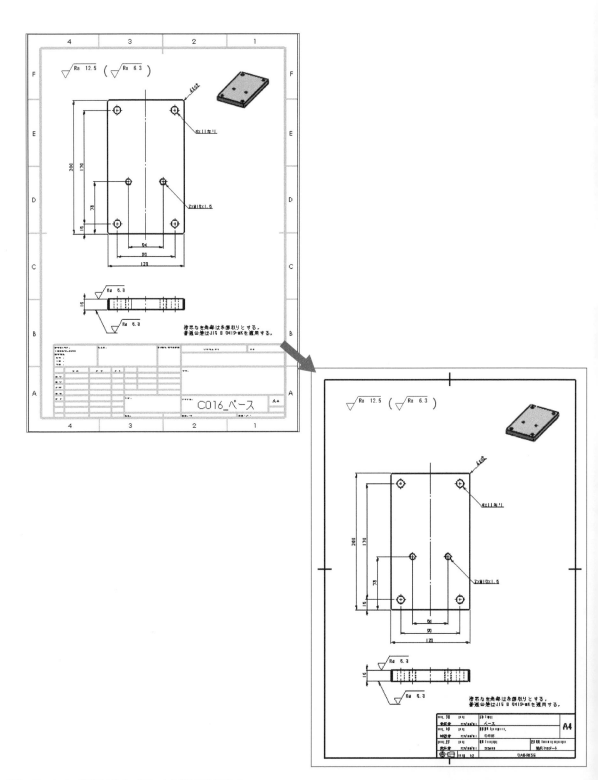

Chapter 4

図面ドキュメントを開く

14 図枠を変更する

注記を追加する

線の太さを変更する

ビューの配置を整えて
保存する

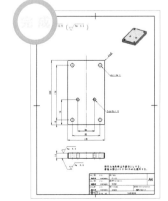

14 図枠を変更する

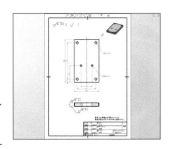

Chapter3で作成した「C016_ベース」の図面はSOLIDWORKSのデフォルトの[A4(JIS)]シートフォーマットを使用しているため、他の部品図とは図枠が異なります。シートフォーマットの差し替えと設定の編集を行って、他の部品図と図枠を揃えます。

1 図面ドキュメントを開く

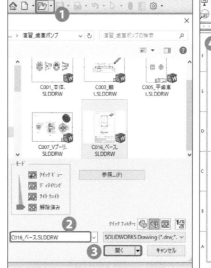

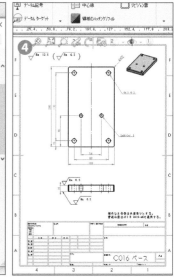

❶ メニューバーの「開く」をクリック。

❷ 「演習_歯車ポンプ」フォルダから、図面ドキュメント「C016_ベース.SLDDRW」を選択します。

❸ 「開く」をクリック。

❹ ベースの図面ドキュメントが開きました。

2 シートフォーマットを変更する

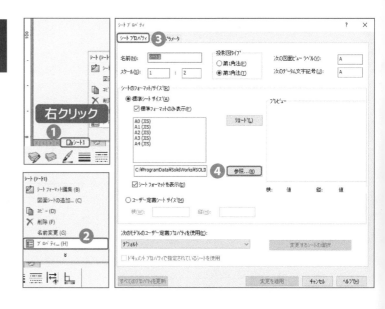

❶ <シート>タブを右クリックしてメニューを表示します。

❷ メニューから「プロパティ」をクリック。

❸ 「シートプロパティ」のダイアログボックスが現れます。

❹ シートのフォーマット/サイズの「参照」をクリック。

Chapter 4

⑤ 「開く」ダイアログボックスが現れます。

✔ シートフォーマットが保存されているシステムフォルダが表示されます。

✔ 「デスクトップ」にある「zumentraining」フォルダに変更します。

⑥ 「デスクトップ」をクリック。

⑦ zumentraining>図面テンプレート>トレーニングを選択し「開く」をクリック。

⑧ シートフォーマット「A4_CADRISE.slddrt」を選択し「開く」をクリック。

⑨ 「シートプロパティ」のダイアログボックスに戻ります。

⑩ 「変更を適用」をクリック。

✔ アラートメッセージが出た場合は「はい」をクリックします。

⑪ シートフォーマットが変更できました。

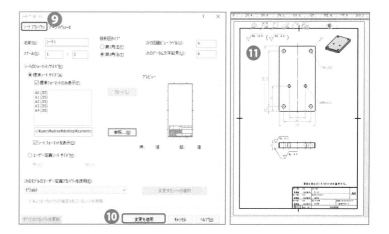

3 注記を追加する

! シートフォーマットを変更した際に、注記も変更されてしまっているので追記が必要です。

✔ シートフォーマット編集に切り替えます。

❶ ＜シートフォーマット＞タブの「シートフォーマット編集」コマンドをクリック。

❷ テキストをダブルクリック。

❸ テキストが入力できる状態になります。

❹ 先頭にカーソルを出してキーボードから「指示なき角部は糸面取りとする。」と入力します。

❺ Enterキーで改行します。

❻ 枠の外でクリックし選択を解除します。

❼ 注記を追加できました。

❽ テキストをドラッグし配置を整えます。

❾ 「シートフォーマット編集終了」をクリック。

❿ 「図面シート編集」に戻りました。

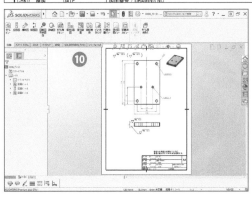

4 線の太さを変更する

✓ ベースの図面テンプレートは、外形線の太さも他の部品図と異なっています。

① メニューバーの「オプション」をクリック。

② <ドキュメントプロパティ>タブをクリック。

③ 「線のフォント」をクリック。

④ 「可視エッジ」を選択して線の太さを「0.35㎜」に変更します。

⑤ 「OK」をクリック。

⑥ 外形線の太さが変更できました。

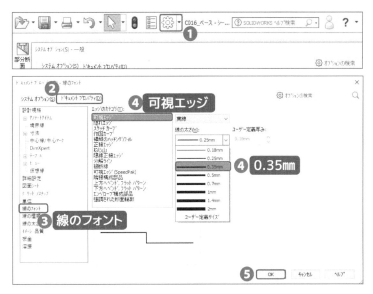

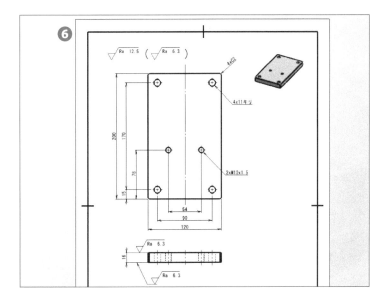

5 ビューの配置を整えて保存する

① ビューと寸法の配置を整えます。

② メニューバー「保存」をクリック。

③ 「演習_歯車ポンプ」フォルダに上書き保存します。

④ 図枠の変更ができました。

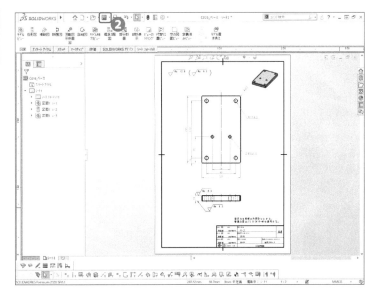

図面の色設定

図面の線や寸法の色などは、SOLIDWORKSのシステムオプション>色で設定されています。

また、各ドキュメントに作成したレイヤーにも色の設定ができます。

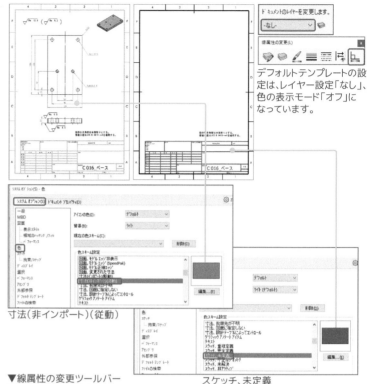

デフォルトテンプレートの設定は、レイヤー設定「なし」、色の表示モード「オフ」になっています。

●システムオプションの色設定

SOLIDWORKSシステムに適用される設定であり、デフォルトは、従動寸法の色はグレー、スケッチの未定義の線は青色です。

寸法(非インポート)(従動)

スケッチ、未定義

●レイヤーを利用した色の設定

図面ドキュメントにレイヤーを作成して色の設定を行うと、システムオプションとは別の色設定に切り替えることができます。レイヤーの作成は「線属性の変更」ツールバーの「レイヤープロパティ」から行います。また「レイヤーの変更」でレイヤーの切り替えを指定します。

▼線属性の変更ツールバー

レイヤープロパティ
レイヤー変更

「なし」レイヤーの設定を使用しないので、システムオプションの設定が有効となります。

「規格に従う」ドキュメントプロパティの各項目にはレイヤー指定のオプションがあり、それぞれの項目で指定したレイヤーの設定を適用します。

「各レイヤー名」作成したレイヤー名を指定すると、そのレイヤーの色の設定が有効となります。

●レイヤーの色設定例

例えば、寸法をオレンジ色に表示するレイヤー「寸法」を「レイヤーの変更」で指定しておくと、「色の表示モード」をオフにすると適用され、寸法がオレンジ色で入ります。「色の表示モード」をオンにするとシステムオプションの設定に切り替わります。

本書で使用している演習用図面テンプレートには、「0」という名前のレイヤーが設定されており、寸法の色は黒色になります。

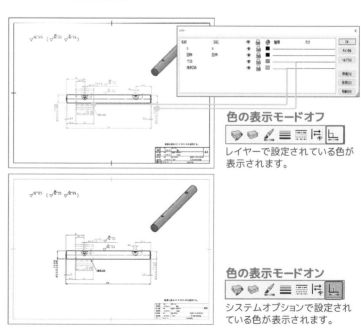

色の表示モードオフ

レイヤーで設定されている色が表示されます。

色の表示モードオン

システムオプションで設定されている色が表示されます。

Chapter 5

組立図の作成

組立図の作成　「歯車ポンプ」

 使用するデータ：zumentraining>演習_歯車ポンプ>歯車ポンプassy.SLDASM

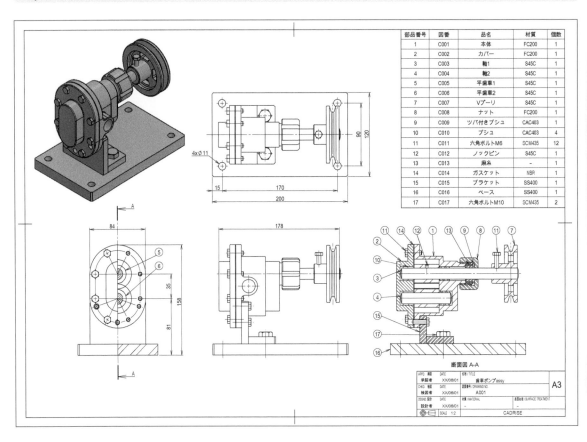

部品番号	図番	品名	材質	個数
1	C001	本体	FC200	1
2	C002	カバー	FC200	1
3	C003	軸1	S45C	1
4	C004	軸2	S45C	1
5	C005	平歯車1	S45C	1
6	C006	平歯車2	S45C	1
7	C007	Vプーリ	S45C	1
8	C008	ナット	FC200	1
9	C009	ツバ付きブシュ	CAC403	1
10	C010	ブシュ	CAC403	4
11	C011	六角ボルトM6	SCM435	12
12	C012	ノックピン	S45C	1
13	C013	麻糸	-	1
14	C014	ガスケット	NBR	1
15	C015	ブラケット	SS400	1
16	C016	ベース	SS400	1
17	C017	六角ボルトM10	SCM435	2

断面図 A-A

APPD. 承認	DATE XX/06/01	名称 / TITLE 歯車ポンプassy		A3
CHKD. 検図	DATE XX/06/01	図面番号 / DRAWING NO. A001		
検図者	DATE XX/06/01			
DSGND 製作 設計者	DATE XX/06/01	材質 / MATERIAL -	表面処理 / SURFACE TREATMENT -	
		SCALE 1:2		CADRISE

図面ナビ

01 アセンブリモデルを
確認する

02 組立図を作成する

03 片側断面図にする

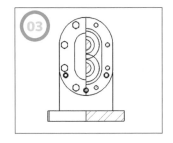

04 断面図を作成する

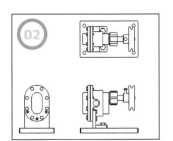

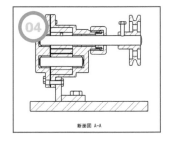

断面図 A-A

05 ハッチングを編集する

06 仮想線を描く

07 線を描き足す

08 中心線を入れる

09 中心マークを入れる

10 部品表を挿入する

11 バルーンを入れる

12 図面を仕上げる

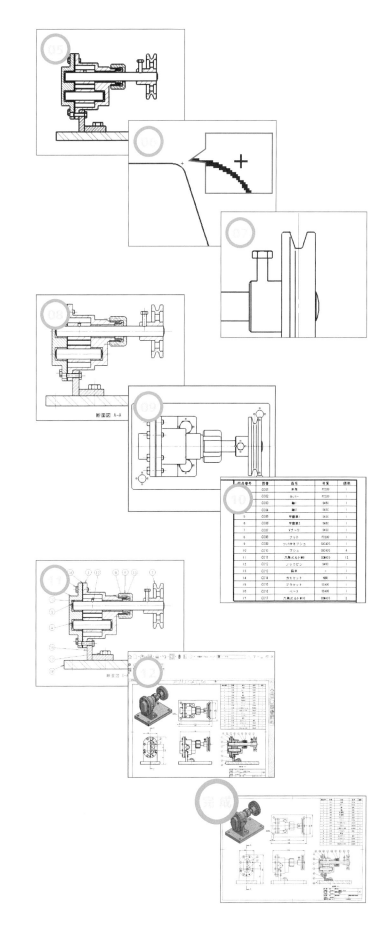

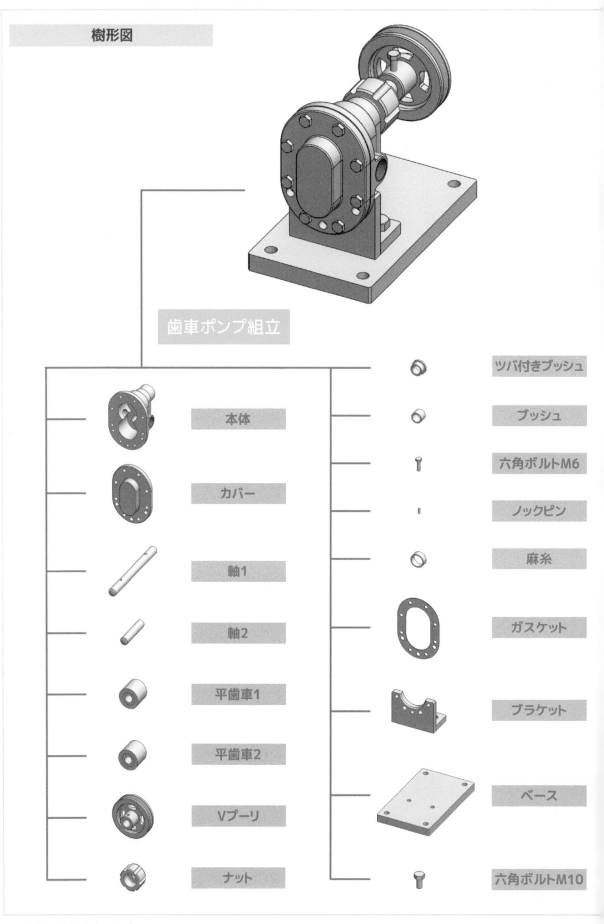

樹形図

歯車ポンプ組立

本体

カバー

軸1

軸2

平歯車1

平歯車2

Vプーリ

ナット

ツバ付きブッシュ

ブッシュ

六角ボルトM6

ノックピン

麻糸

ガスケット

ブラケット

ベース

六角ボルトM10

01

アセンブリモデルを確認する

組立図を作成するアセンブリモデルを開き、形状の確認をします。
各部品の配置を確認して、図面の向きなどを検討します。

1 アセンブリドキュメントを開く

✔ アセンブリドキュメント「歯車ポンプassy」を開きます。

❶ メニューバーの「開く」をクリック。

❷ 「演習_歯車ポンプ」フォルダのアセンブリドキュメント「歯車ポンプassy.SLDASM」を選択し「開く」をクリック。

✔ アラートメッセージが現れたら、再構築をクリックします。

❸ 歯車ポンプのアセンブリドキュメントが開きました。

2 アセンブリの形状を確認する

❶ ツリーの部品名をクリックすると

❷ 対応するモデルの箇所が青くハイライトします。

✔ どこにどのような部品が組み付けられているのかを確認できます。

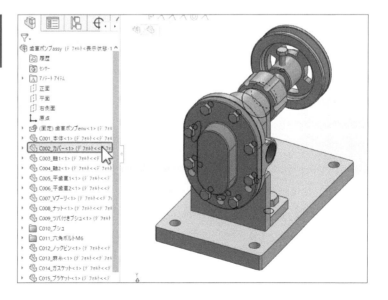

02

組立図を作成する

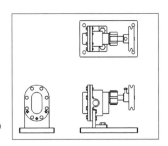

組立図のビューを配置します。今回はモデルの形状から、左側面、正面、平面の三面図を作成し、尺度を設定します。

1 図面ドキュメントを開く

❶ メニューバーの「新規」をクリック。

❷ <トレーニング>タブから「A3_CADRISE」を選択します。

❸ 「OK」をクリック。

❹ 図面ドキュメントが開きました。

2 組立図を作成する

❶ 「歯車ポンプassy」アセンブリドキュメント名をダブルクリック。

❷ 「プレビュー」にチェックを入れます。

❸ 表示方向: 右側面

❹ ポインタを動かして図に示す位置（任意）でクリック。

❺ 正面図が作成できました。

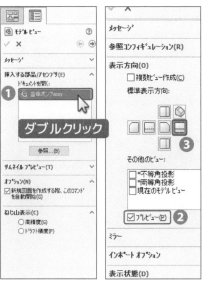

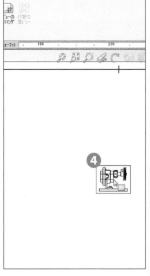

⑥ 左にポインタを動かしてクリック。

⑦ 左側面図が作成できました。

⑧ 上にポインタを動かして平面図を作成します。

⑨  「OK」をクリックし、コマンドを解除します。

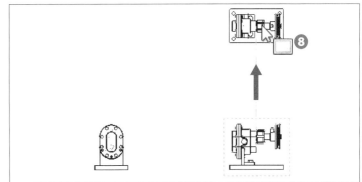

✔ スケール（尺度）を変更します。

⑩ 図面シートのスケールを「1：2」に変更します。

⑪ 各ビューをドラッグして配置を整えます。

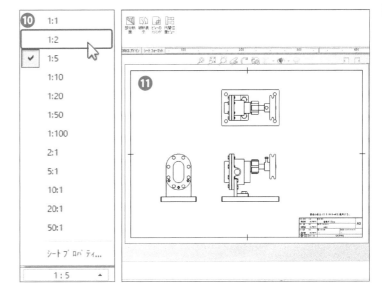

3 組立図を保存する

✔ 図面ドキュメントを保存します。

❶ メニューバーの「保存」をクリック。

✔ ダイアログボックスが現れた場合は「すべて保存」をクリックします。

❷ 保存先を「演習_歯車ポンプ」フォルダにします。

❸ ファイル名が「歯車ポンプassy. SLDDRW」であることを確認して「保存」をクリック。

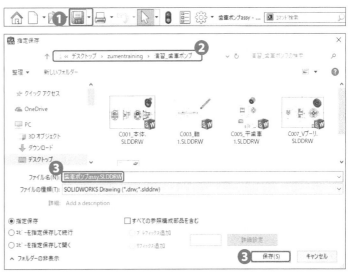

03

片側断面図にする

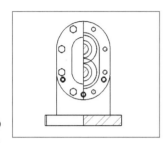

左側面図を片側断面表示にします。断面表示する範囲はスケッチで任意に指定し、切断面の位置（深さ）はその数値やエッジ参照で指定することができます。

1 断面表示の範囲を表すスケッチを描く

✓ **断面表示の範囲をスケッチの線で囲んで指定します。**

❶ 左側面図をダブルクリックしてビューをアクティブにします。

❷ ＜スケッチ＞タブの「矩形コーナー」の▼をクリック。

❸ 「矩形コーナー」コマンドをクリック。

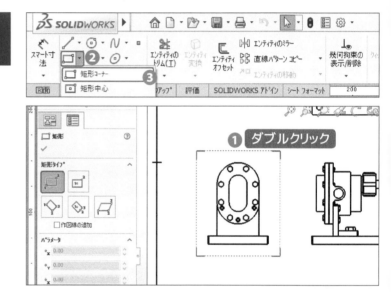

❹ 図に示す位置でクリックし矩形を描きます。

❺ Escキーでコマンドを解除します。

✓ **矩形の線とアセンブリの原点に拘束をつけるため、原点を表示します。**

❻ ヘッズアップビューツールバーの「アイテムを表示/非表示」から原点表示をオンにします。

❼ ツリーの「図面ビュー2」の▶をクリック。

❽ 「歯車ポンプassy」の原点を右クリック。

❾ メニューから「表示」をクリック。

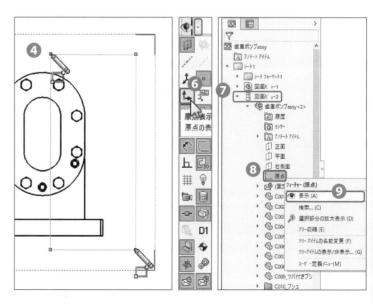

✔ **スケッチに拘束をつけます。**

⑩ 図に示す直線をクリック。

⑪ Ctrlキーを押しながら原点をクリック。

⑫ 拘束関係追加の「一致」をクリック。

⑬ 原点に直線が一致しました。

⑭ Escキーで選択を解除します。

⑮ スケッチが描けました。

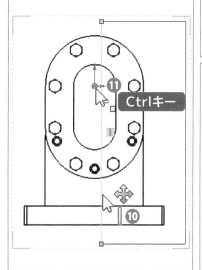

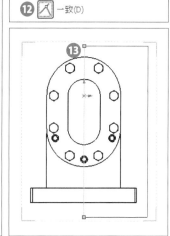

⑯ ツリーから「歯車ポンプassy」の原点を右クリック。

⑰ メニューから「非表示」をクリック。

⑱ ヘッズアップビューツールバーの「アイテムを表示/非表示」から原点の表示をオフにします。

⑲ スケッチの線とアセンブリの原点に拘束がつきました。

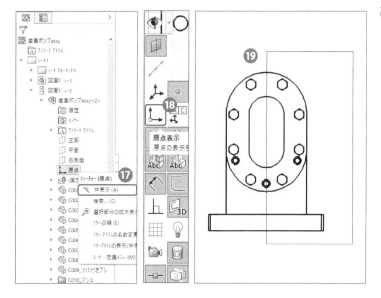

2 片側断面図にする

✔ **矩形で描いた四角の範囲を断面にして片側断面図にします。**

❶ Ctrlキーを押しながら4本の線をクリック。

❷ 選択状態のまま<図面>タブの「部分断面」コマンドをクリック。

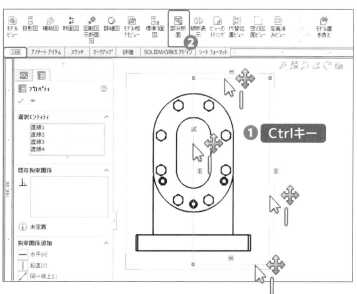

❸ 「断面表示」のダイアログボックスが現れます。

✔ **このダイアログボックスはアセンブリドキュメントから組立図を作成する際に現れます。切断しない部品がある場合は「カットされない構成部品」にその部品を指定します。今回は指定しません。**

❹ 「自動ハッチング」のチェックを外します。

❺ 「OK」をクリック。

✔ **部分断面の設定をします。**

❻ 「プレビュー」にチェックを入れます。

❼ 「深さ」に正面図の図に示すエッジをクリック。

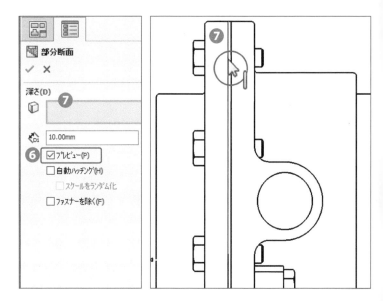

❽ 左側面図の片側が断面表示になります。

❾ 「OK」をクリックし、コマンドを解除します。

❿ 片側断面図になりました。

⓫ ビューの枠の外でダブルクリックしアクティブな状態を解除します。

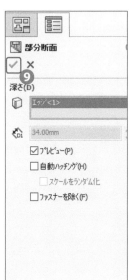

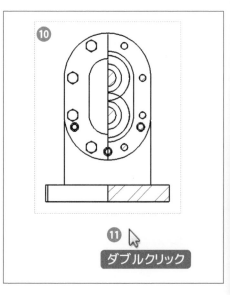

ダブルクリック

04

断面図を作成する

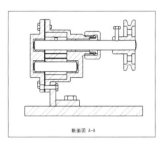

断面図 A-A

断面図のビューを追加します。断面図では断面スコープを使って、切断表示しない部品を指定することができます。ここでは、ボルト、軸、キー、ピンを切断しない部品として指定します。

1 切断しない部品を確認する

❶ メニューバーの「ウィンドウ」をクリック。

✔ 現在開いているドキュメントが確認できます。

❷ アセンブリドキュメント「歯車ポンプassy.SLDASM」をクリック。

❸ 「歯車ポンプassy.SLDASM」が表示されました。

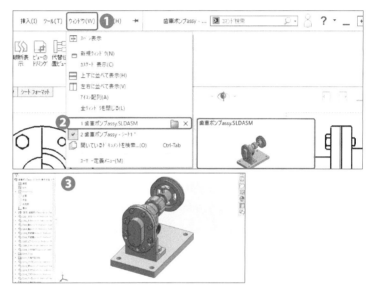

❹ ヘッズアップビューツールバーの「断面表示」をクリック。

❺ 断面に「右側面」を選択します。

❻ 「OK」をクリック。

❼ 断面表示になりました。

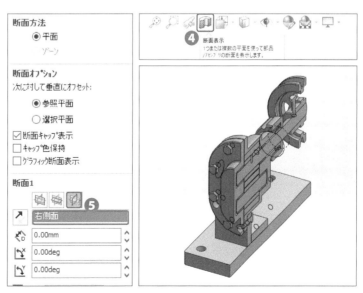

断面方法
◉ 平面
　ゾーン

断面オプション
次に対して垂直にオフセット:
　◉ 参照平面
　○ 選択平面
☑ 断面キャップ表示
☐ キャップ色保持
☐ グラフィック断面表示

断面1

↗ 右側面
0.00mm
0.00deg
0.00deg

⑧ 表示方向を右側面にします。

✔ 正面図を全断面図にします。切断しない部品を確認します。

⑨ ツリーのフォルダ「C011_六角ボルトM6」の▶をクリック。

⑩ 「六角穴付ボルト<1>・<3>」をCtrlキーを押しながらクリック。

✔ ツリー上で選択した部品が青くハイライトします。

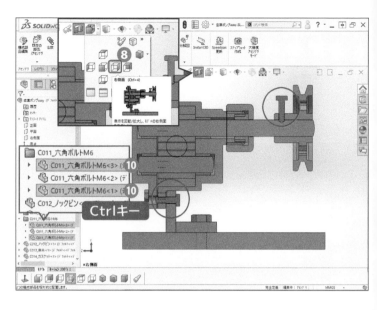

⑪ Ctrlキーを押しながら「ノックピン」「軸1」「軸2」をツリーでクリック。

✔ これらの部品を切断表示しないように設定します。

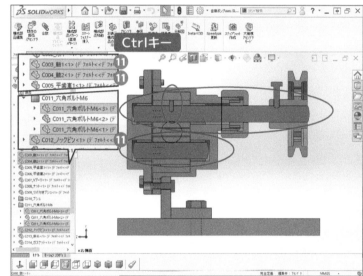

✔ 表示を元に戻します。

⑫ 「断面表示」をクリックして断面表示を解除します。

⑬ 表示方向を「不等角投影」にします。

✔ 図面ドキュメントに切り替えます。

⑭ メニューバーの「ウインドウ」をクリック。

⑮ 「歯車ポンプassy-シート1」の図面ドキュメントをクリック。

⑯ 図面ドキュメントに戻りました。

✔ ドキュメントの表示切り替えはCtrlキー+Tabキーでも行えます。

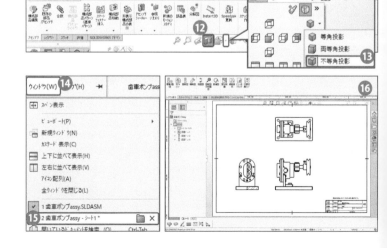

Chapter 5

2 断面図を作成する

❶ <図面>タブの「断面図」コマンド
をクリック。

✔ 図のように設定します。

❷ 　　　：鉛直
　断面図の自動開始: チェックを
　入れる

❸ ポインタを左側面図のエッジの
中点に合わせてクリック。

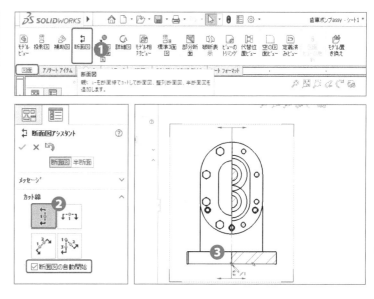

❹ 「断面表示」のダイアログボック
スが現れます。

✔ 「軸1」「軸2」「六角ボルトM6」
<1><3>「ノックピン」の部品を
切断しない部品として指定してい
きます。

❺ ツリーの「図面ビュー2（左側面
図）」の▶をクリック。

✔ 番号に相違がある場合があります。

❻ 「歯車ポンプassy」の▶をクリッ
ク。

❼ 「カットされない構成部品/リブ
フィーチャー」にツリーで次の部
品をクリック。

　❶「軸1」

　❷「軸2」

　❸「六角ボルトM6」<1>

　❹「六角ボルトM6」<3>

　❺「ノックピン」

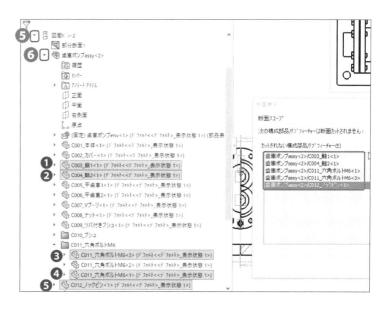

⑧ 「自動ハッチング」のチェックを外します。

⑨ 「OK」をクリック。

⑩ ポインタを右に動かして図の位置（任意）でクリック。

⑪ 断面図が作成できました。

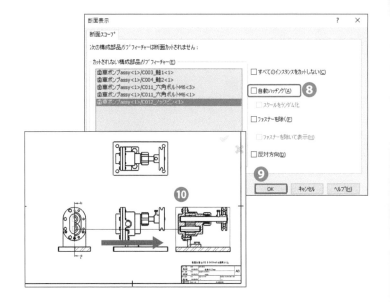

✔ 切断しない部品にはハッチングが入っていません。

⑫ 「OK」をクリックし、コマンドを解除します。

⑬ ビューの配置を整えます。

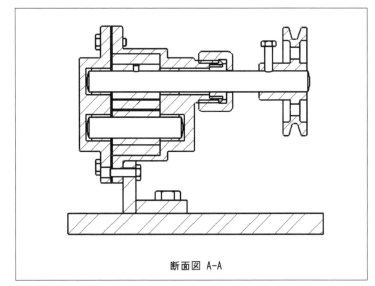

断面図 A-A

断面スコープの設定

断面図のプロパティから断面スコープの設定を変更できます。

❶ビューの上で右クリック。

❷プロパティをクリック。

❸<断面スコープ>タブをクリック。

❹断面スコープに選択されている部品に枠が付きます。

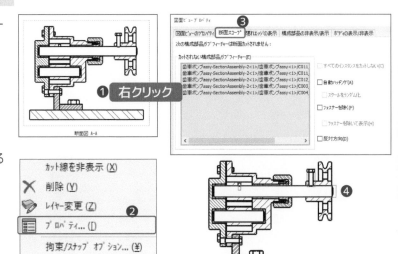

ハッチングを編集する

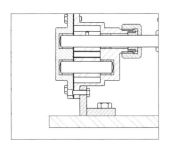

断面図のハッチングを編集します。断面図の部品ごとに不要なハッチングを削除したり、ハッチングの線の間隔や角度を変更し、見やすい図面にします。

Chapter 5

1 ハッチングを削除する

✔ 「平歯車1」「平歯車2」の歯の部分のハッチングを削除します。

❶ 「平歯車1」歯の部分のハッチング箇所をクリック。

❷ 「平歯車2」歯の部分のハッチング箇所をCtrlキーを押しながらクリック。

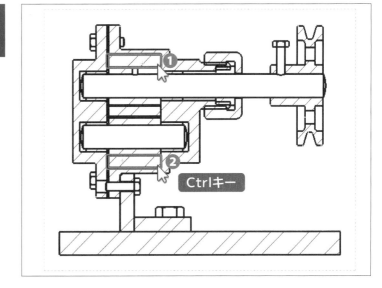

❸ ツリーが「領域のハッチング/フィル」プロパティに変わります。

✔ 図のように設定をします。

  ❶材料ハッチング:
    チェックを外す

  ❷設定対象: ボディ

  ❸「なし」にチェック

❹ 「OK」をクリック。

❺ ハッチングを削除できました。

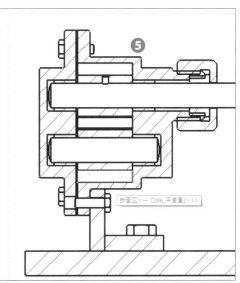

2 間隔と角度を変更する

✓ 「カバー」のハッチングの間隔と
　角度を変更します。

❶ 「カバー」のハッチング箇所をク
　リック。

✓ 図のように設定します。

　❶材料ハッチング:
　　チェックを外す

　❷設定対象: 構成部品

　❸ハッチングの
　　パターンのスケール: 2

　❹ハッチングパターンの角度:90度

❷ 　　　「OK」をクリック。

❸ ハッチングが変更できました。

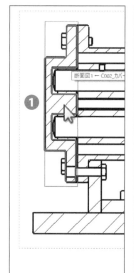

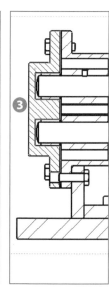

✓ 「ブッシュ」のハッチング(4箇所)
　の間隔を変更します。

❹ Ctrlキーを押しながら図に示す
　ハッチングを4箇所をクリック。

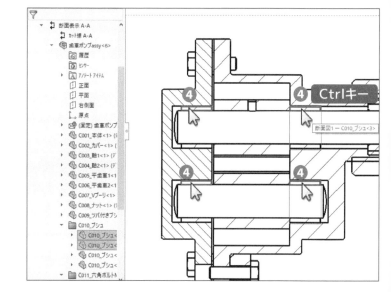

✓ 図のように設定します。

　❶材料ハッチング:
　　チェックを外す

　❷設定対象: 構成部品

　❸ハッチングの
　　パターンのスケール: 4

　❹ハッチングパターンの角度:
　　90度

❺ 　　　「OK」をクリック。

❻ ハッチングが変更できました。

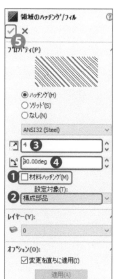
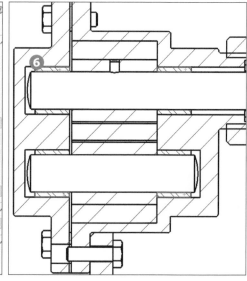

✔ 「ナット」のハッチングの間隔と角度を変更します。

⑦ ナットのハッチング箇所をクリック。

✔ 図のように設定します。

❶材料ハッチング：
チェックを外す

❷設定対象：構成部品

❸ハッチングの
パターンのスケール：5

❹ハッチングパターンの角度：
90度

⑧ ✔ 「OK」をクリック。

⑨ ハッチングが変更できました。

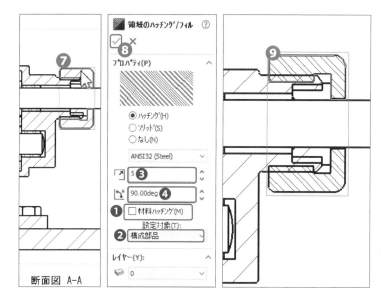

✔ 「ツバ付きブッシュ」のハッチングの間隔を変更します。

⑩ ツバ付きブッシュのハッチング箇所をクリック。

✔ 図のように設定します。

❶材料ハッチング：
チェックを外す

❷設定対象：構成部品

❸ハッチングの
パターンのスケール：6

⑪ ✔ 「OK」をクリック。

⑫ ハッチングが変更できました。

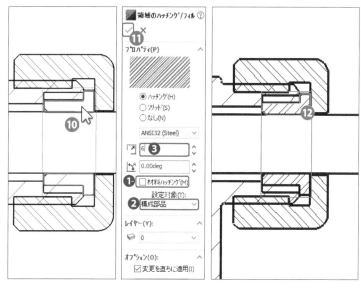

✔ 「麻糸」のハッチングの間隔と角度を変更します。

⑬ 麻糸のハッチング箇所をクリック。

✔ 図のように設定します。

❶材料ハッチング：
チェックを外す

❷設定対象：構成部品

❸ハッチングの
パターンのスケール：4

❹ハッチングパターンの角度：
90度

⑭ ✔ 「OK」をクリック。

⑮ ハッチングが変更できました。

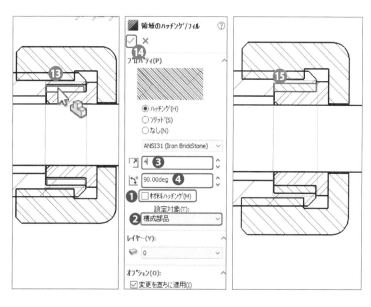

✔ 「ブラケット」のハッチングの間隔を変更します。

⑯ ブラケットのハッチング箇所をクリック。

✔ 図のように設定します。

❶材料ハッチング：
チェックを外す

❷設定対象：構成部品

❸ハッチングの
パターンのスケール：5

⑰ ✔ 「OK」をクリック。

⑱ ハッチングが変更できました。

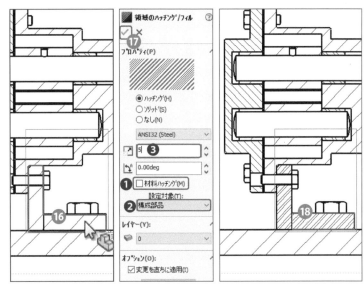

✔ 「ベース」のハッチングの角度を変更します。

⑲ ベースのハッチング箇所をクリック。

✔ 図のように設定します。

❶材料ハッチング：
チェックを外す

❷設定対象：構成部品

❸ハッチングパターンの角度：
90度

⑳ ✔ 「OK」をクリック。

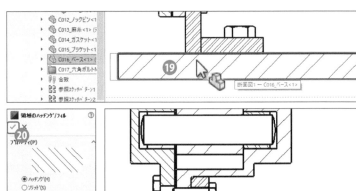

㉑ ハッチングが変更できました。

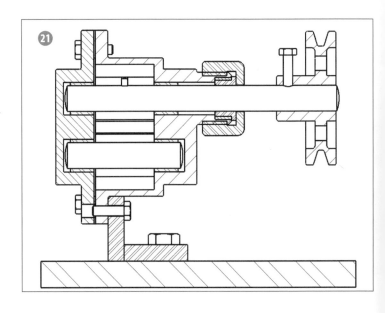

仮想線を描く

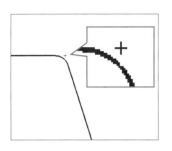

フィレット部に寸法を入れたりスケッチで参照するために、「仮想線」コマンドで仮想交点の位置を表すことができます。交点の表示形式はオプションで変更できます。

Chapter 5

1 仮想線を描く

✔ 丸みを表す線を描くためフィレット箇所に仮想線を描きます。

2本のエッジを指定するとその交点に仮想交点が描かれます。

❶ 正面図をダブルクリックしてアクティブにします。

❗ 図の箇所に仮想線を描きます。

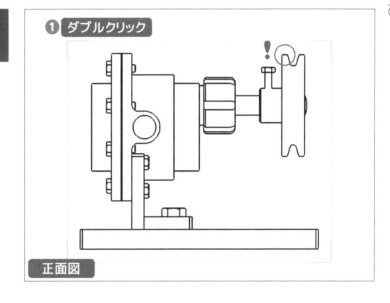

❷ 図に示す2本のエッジをCtrlキーを押しながらクリック。

❸ <スケッチ>タブの「点」コマンドをクリック。

❹ 「OK」をクリック。

❺ 仮想線が描けました。

✔ 仮想線の交点には仮想交点が描かれています。

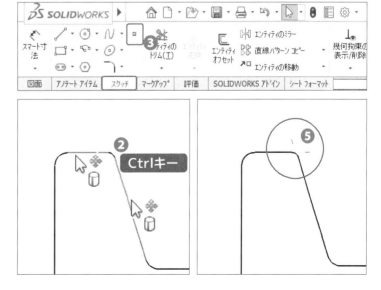

2 仮想線の設定を変更する

✓ 「仮想線」の表示形式を変更します。

① メニューバーの「オプション」をクリック。

② 「ドキュメントプロパティ」タブをクリック。

③ 「仮想線」をクリック。

④ 「プラス」をクリック。

⑤ 「OK」をクリックし、ダイアログボックスを閉じます。

⑥ 仮想線の設定が変更ができ、仮想線の交点が+で表示されました。

⑦ 同様に内側のフィレット箇所に仮想線を描きます。

⑧ Escキーで選択を解除します。

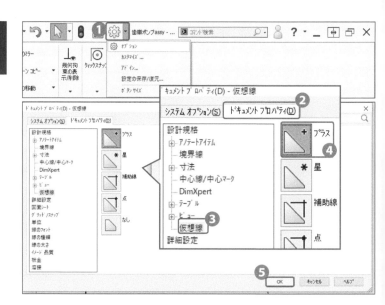

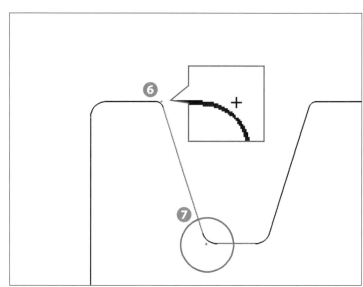

交点検索

スケッチ以外で交点を描く方法

❶スマート寸法をクリック。

❷エッジの上で右クリック。

❸メニューから交点検索をクリック。

❹エッジを選択。

❺交点が表示されます。
（スマート寸法コマンドは持続中です）

07

線を描き足す

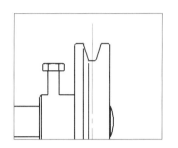

隠線表示や中心線コマンドで表示される線に加えて、図面に表示する必要のある線は、スケッチコマンドで描き足します。

1 基準の中心線を描く

✔ 正面図に左右対称な線を描くために、基準となる中心線を描きます。

✔ 正面図のビューがアクティブになっているのを確認します。

❶ <スケッチ>タブの「中心線」コマンドをクリック。

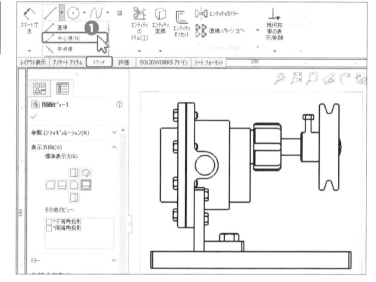

❷ 図に示す箇所でクリック。

❸ 図に示す箇所でクリックし、鉛直な中心線を描きます。

❹ Escキーでコマンドを解除します。

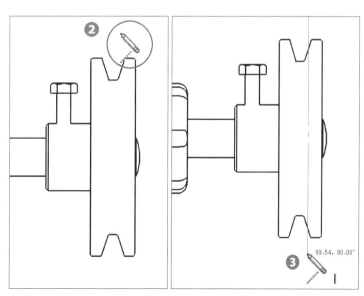

2　中心線に拘束をつける

✓ **中心線の位置を定めるために対称拘束をつけます。**

❶ Ctrlキーを押しながら図に示す中心線と2本の直線をクリック。

❷ 3つの要素が選択されている状態で、拘束関係追加の「対称」をクリック。

❸ ✓ 「OK」をクリック。

❹ 2本のエッジの間に中心線が配置できました。

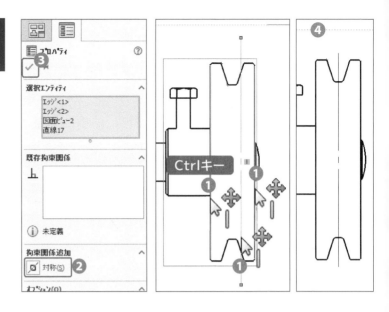

3　描き入れる線の太さを変更する

❶ 「線属性の変更」ツールバーの「線の太さ」をクリック。

❷ 「0.35mm」をクリック。

✓ **特定の線を選択せずに線の太さを変えると、以降に作図する線の太さに適用されます。**

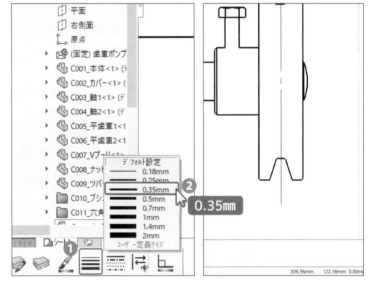

4　線を描き足す

✓ **仮想交点を利用してVプーリの丸みを表す外形線を描き足します。**

❶ 直線をクリック。

❷ 仮想交点をポイントします。

! クリックはしません。丸みのある部分のため少し離れた位置から描き始めます。

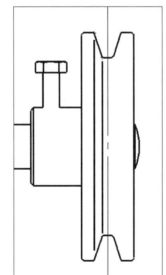

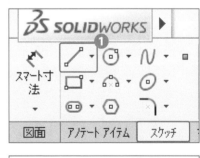

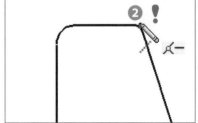

Chapter 5

❸ ポインタを下に動かして推測線が
現れるのを確認します。

❹ 鉛直の拘束が現れる任意の位置
でクリック。

❺ ポインタを下に動かして鉛直拘
束が現れる任意の位置でクリッ
ク。

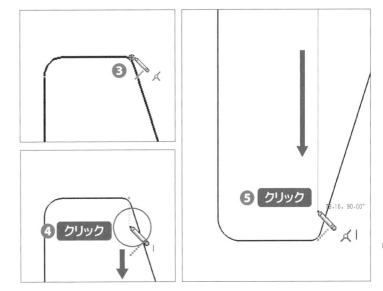

❻ ポインタを動かして少し離れたと
ころでダブルクリック。

❼ 直線が1本描けました。

✔ Escキーで終了すると、コマンド
が解除されてしまいます。

✔ ダブルクリックすると、コマンドを
継続することができます。

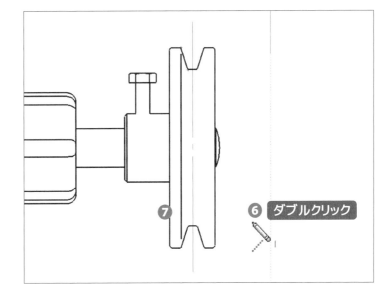

✔ 直線コマンドが継続しています。
同様に内側にも直線を描きます。

❽ 仮想交点にポイントし、ポインタ
を下に動かして推測線を確認し
ます。

❾ 鉛直の拘束が現れる状態で図に
示す箇所でクリック。

❿ ポインタを下へ移動し、鉛直の拘
束が現れる状態で、図に示す辺り
でクリック。

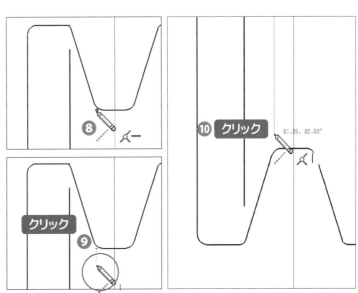

⑪ 直線が描けました。

⑫ Escキーでコマンドを解除します。

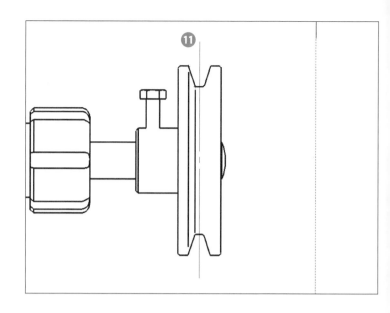

5 線を対称複写する

✔ **2本の直線を中心線の反対側に
ミラーコピーします。**

❶ Ctrlキーを押しながら図に示す
中心線と2本の直線をクリック。

❷ 3つの要素が選択されている状
態で、<スケッチ>タブの「エン
ティティのミラー」コマンドをクリッ
ク。

❸ ミラーコピーができました。

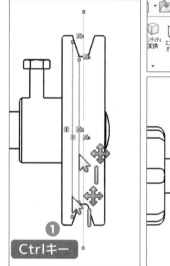

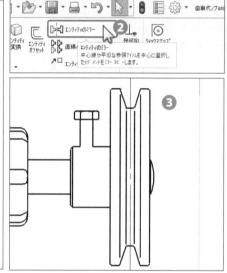

6 円弧を描き足す

✔ **正面図のVプーリM6ねじ穴の外
形線を描き足します。**

❶ <スケッチ>タブの「中心点円弧」
の▼をクリック。

❷ 「3点円弧」コマンドをクリック。

❸ 図に示す角にポインタを近づけて
「一致」と「交点」の拘束が現れ
たところでクリック。

❹ 反対側の角も同様に「一致」と
「交点」の拘束が現れたところで
クリック。

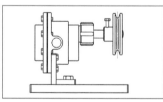

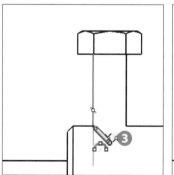

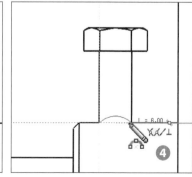

⑤ ポインタを図のように2点の間の適当な位置に移動してクリック。

⑥ 円弧が描けました。

⑦ Escキーでコマンドを解除します。

⑧ 正面図ビューの枠の外でダブルクリックしてアクティブ維持な状態を解除します。

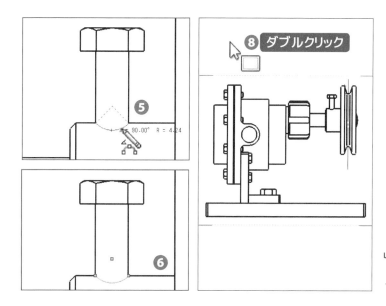

✔ **線の太さをデフォルトに戻します。**

⑨ 線属性の変更ツールバーの「線の太さ」をクリック。

⑩ 「デフォルト設定」をクリック。

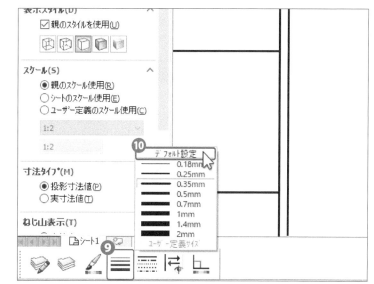

⑪ 正面図と同様に平面図のVプーリもに図のように線を描き足します。

中心線　線の太さ：デフォルト

仮想交点　線の太さ：デフォルト

外形線　線の太さ：0.35mm

✔ **線を描き終わったら、線の太さをもう一度デフォルトに戻しておきます。**

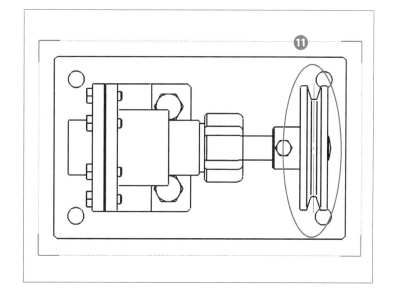

08

中心線を入れる

各図面ビューに中心線を入れます。中心線コマンドで、ビュー単位で一括して入れる方法と、個別にエッジを指定して1本ずつ入れる方法があります。

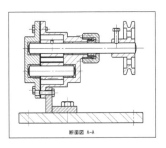

断面図 A-A

1 中心線を入れる

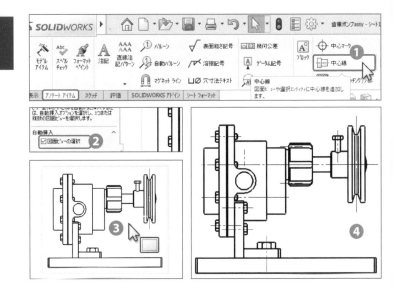

✔ **正面図に中心線を描きます。**

❶ <アノテートアイテム>タブの「中心線」コマンドをクリック。

❷ 「図面ビューの選択」にチェックを入れます。

❸ 正面図をクリック。

❹ 中心線が入りました。

❺ 「OK」をクリックし、コマンドを解除します。

✔ **不要な中心線を削除します。**

❻ 図に示す中心線をCtrlキーを押しながらクリック。

❼ Deleteキーで削除します。

❽ 不要な中心線が削除できました。

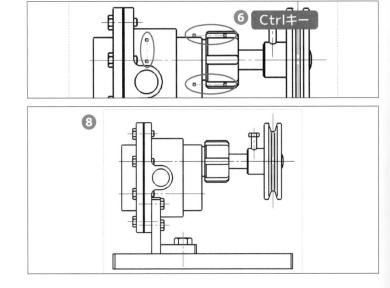

2 表示を変えて 中心線を入れる

✔ 円筒の隠線を表示して穴の中心線を入れます。

❶ 正面図をクリック。

❷ 表示スタイルの「隠線表示」をクリック。

❸ 正面図が隠線表示になりました。

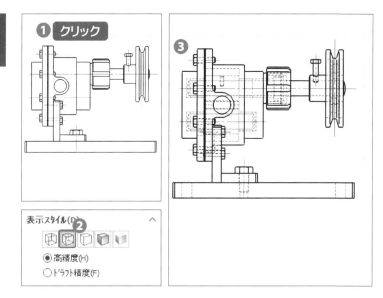

❹ <アノテートアイテム>タブの「中心線」コマンドをクリック。

❺ 図に示す隠線(2箇所)をクリック。

❻ 続けて反対側の中心線を描きます。

❼ 「OK」をクリックし、コマンドを解除します。

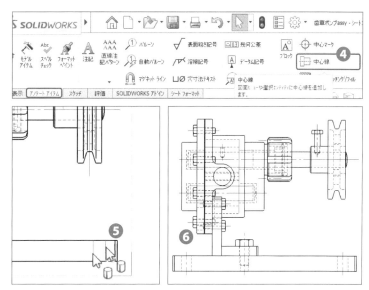

❽ 正面図をクリックし、表示スタイル「隠線なし」に戻します。

❾ ベースに穴の中心線が描けました。

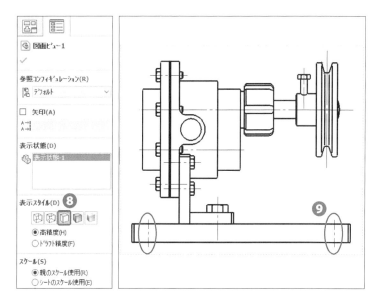

✔ **正面図に中心線を入れます。**

⑩ 正面図と同様に平面図に「中心線」コマンドで中心線を入れます。

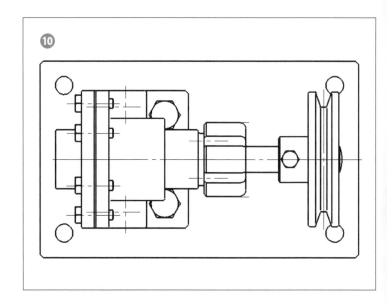

✔ **不要な中心線6本を削除します。**

⑪ 図に示す6本の中心線を選択してDeleteキーで削除します。

✔ **不要な中心線4本を削除します。**

⑫ 図に示す4本の中心線を選択してDeleteキーで削除します。

⑬ 不要な中心線が削除できました。

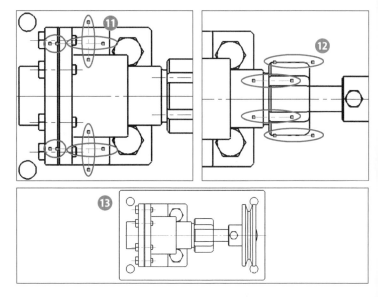

✔ **断面図に中心線を入れます。**

⑭ 同様に図のように断面図に中心線を描きます。

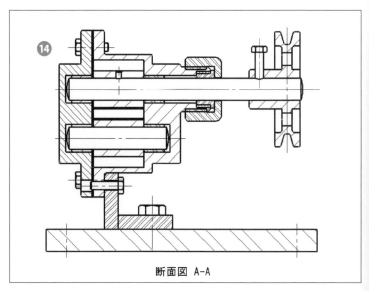

断面図　A-A

09

中心マークを入れる

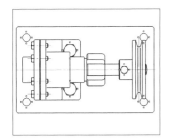

各図面ビューに中心マークを入れます。円が直線状または円弧状に連続して配置される場合には、円の中心を順に結ぶ線と中心マークを入れることができます。

Chapter 5

1 接続線中心マークを入れる

✔ 左側面図の六角ボルトと穴に中心マークを入れます。

❶ <アノテートアイテム>タブの「中心マーク」コマンドをクリック。

❷ 「直線中心マーク」をクリック。

❸ 「接続線」にチェックが入っていることを確認します。

❹ 図に示す4つの要素を順にクリック。
　❶六角ボルトの円弧をクリック
　❷六角ボルトの円弧をクリック
　❸ねじ山をクリック（外側の円）
　❹ねじ山をクリック（外側の円）

❺ 中心マークが入りました。

❻ 「OK」をクリック。

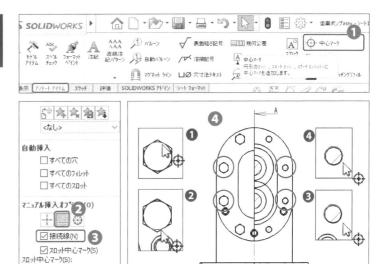

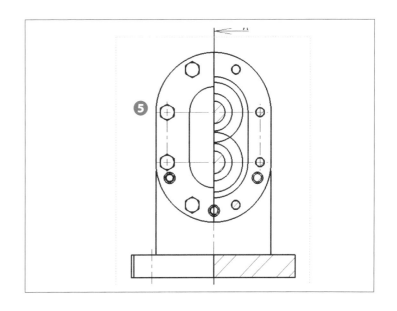

2 円形中心マーク（円弧線）を入れる

✔ **左側面図の上側の六角ボルトとねじ穴に中心マークを入れます。**

① `<アノテートアイテム>`タブの「中心マーク」コマンドをクリック。

② 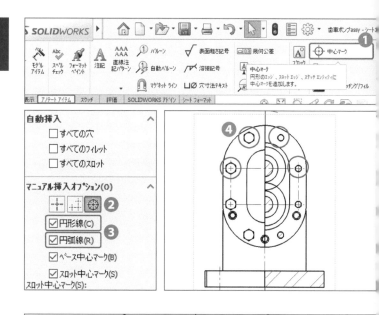 ：「円形中心マーク」をクリック。

✔ **図のように設定します。**

③ 「円形線」にチェック

　「円弧線」にチェック

④ 図に示す六角ボルトとねじ穴を順にクリック。

　❶ 六角ボルトの円弧をクリック

　❷ 六角ボルトの円弧をクリック

　❸ ねじ山をクリック（外側の円）

　❹ ねじ山をクリック（外側の円）

✔ **3つ目の穴をクリックしたときに中心マークが円形になり円弧線が入ります。**

⑤ 「OK」をクリック。

✔ **中心マークの不要な部分を削除します。**

⑥ 削除したい図に示す側をクリック。

⑦ Deleteキーで削除します。

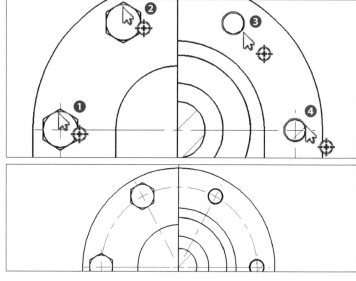

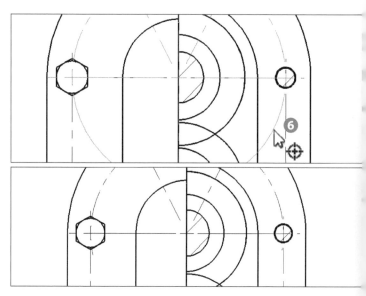

✔ 同様に下側の六角ボルトとねじ
穴に中心マークを入れます。

⑧ <アノテートアイテム>タブの「中
心マーク」コマンドをクリック。

✔ 図のように設定をします。

⑨ ⊕ :「円形中心マーク」を確認。
「円形線」にチェック
「円弧線」にチェック

⑩ 図に示す六角ボルトとねじ穴を
順に選択します。

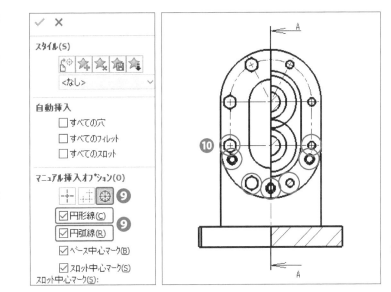

❶円弧をクリック

❷円をクリック(外側の円)

❸円弧をクリック

❹円をクリック(外側の円)

❺ねじ山をクリック(外側の円)

❻円をクリック(外側の円)

❼ねじ山をクリック(外側の円)

⑪ ✔ 「OK」をクリック。

✔ 中心マークの不要な部分を削除
します。

⑫ 削除したい図に示す側をクリック。

⑬ Deleteキーで削除します。

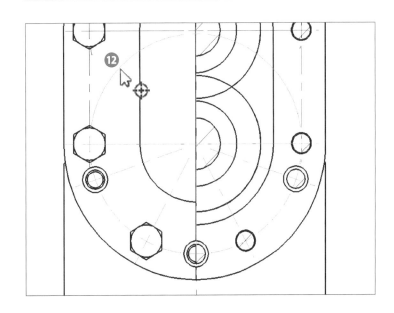

3 単一中心マークを入れる

✔ **正面図に中心マークを入れます。**

1. <アノテートアイテム>タブの「中心マーク」コマンドをクリック。

2. ┼┼ :「単一中心マーク」をクリック。

3. 正面図の図に示す円をクリック。

4. ✓ 「OK」をクリック。

5. 中心マークが入りました。

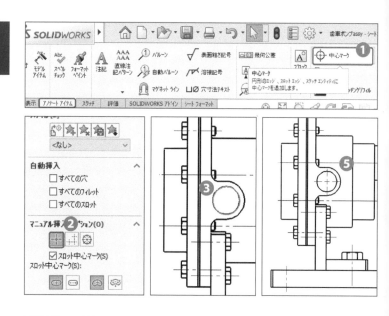

6. 同様に平面図に中心マークを入れましょう。

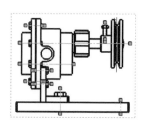

中心線の一括削除

中心線を一括で削除するには選択フィルターが便利です。

F5

❶キーボード
F5キーを押します。

中心線のフィルター
中心線の選択のみを許可します。

❷選択フィルターのメニューの「中心線のフィルター」をクリック。

❸中心線を削除したいビューをドラッグして囲みます。

❹範囲内の中心線が選択されます。Deleteキーで削除します。

❺「中心線のフィルター」をもう一度クリック。解除します。

■ 作図課題

図のように寸法を入れます。

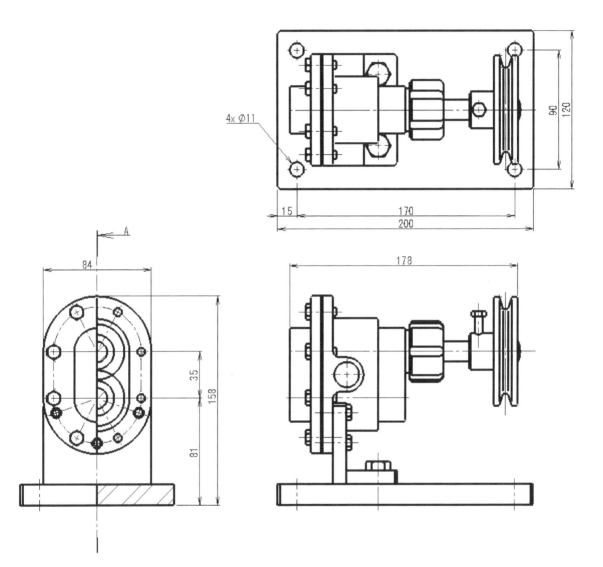

ポイントの解説

組立図は主要な寸法だけを入力します。

10

部品表を挿入する

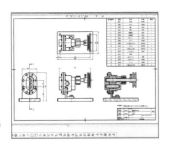

ビューを選択して、部品表を挿入します。部品表はモデルと連動しているので、部品番号が自動的に振られ、部品にあらかじめ設定された、品名や材質などのプロパティを表示することができます。

1　部品表を挿入する

① <アノテートアイテム>タブの「テーブル」▼をクリック。

② メニューの「部品表」コマンドをクリック。

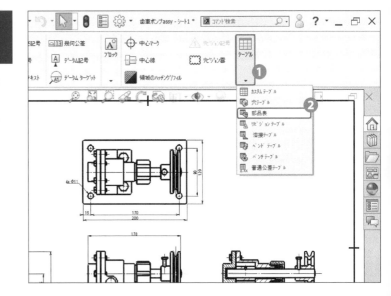

③ 参照元として正面図のビューをクリック。

✔ **参照元に選択するビューはこの場合どれでも構いません。**

✔ **同一シート内に複数の組立品が存在する場合は、ビューの選択に注意してください。**

④ テーブルテンプレートに「bom-standard」が選択されていることを確認します。

⑤ 枠の太さ：0.35mm

⑥ 「OK」をクリック。

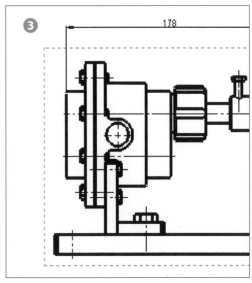

❼ 図面にポインタを動かすと部品
表が現れます。

❽ ポインタを動かして、部品表の
右上が図枠の右上角にスナップ
させます。

❾ 角にピタッと一致したところでク
リック。

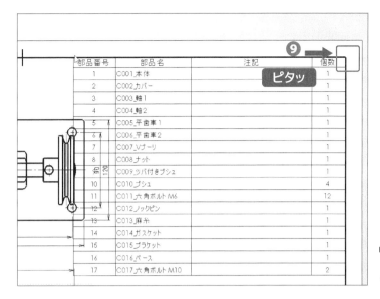

❿ 部品表が配置できました。

⓫ 各ビューをドラッグして配置を整え
ます。

✓ 部品表は参照元に指定したビュー
を元に作成されます。

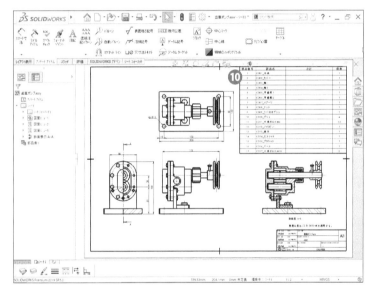

---

2 表に列を追加する

✓ 部品番号と部品名の列の間に図
番の列を挿入します。

❶ 表にポインタを合わせると表が
編集できるようになります。

❷ B欄の矢印が出るところで右ク
リック。

❸ メニューから「挿入」をポイントして
「列を左へ」をクリック。

④ 列が挿入されてダイアログボックスが現れます。

✔ **図のように設定します。**

⑤ 列タイプ: ユーザー定義プロパティ

　プロパティ名: 図番

✔ **列タイプ、プロパティのダイアログボックスは列名をダブルクリックしても表示されます。**

⑥ 部品に設定されている図番が表示されました。

✔ **演習モデルにはあらかじめ情報が設定してあります。**

⑦ 表の枠の外でクリックすると選択を解除できます。

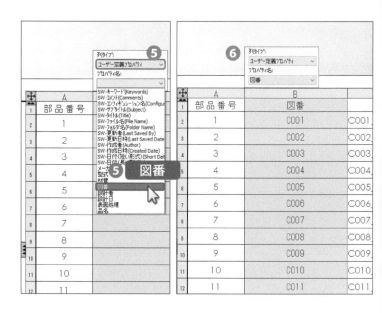

3 項目の表示を変更する

✔ **「部品名」の列を「品名」に変更します。**

① C欄の矢印が出るところでダブルクリック。

② ダイアログボックスが現れます。

✔ **図のように設定します。**

③ 列タイプ: ユーザー定義プロパティ

　プロパティ名: 品名

✔ **列タイプの部品名をクリックし、ユーザー定義プロパティにするとプロパティ名が表示されリストから品名が選択できます。**

④ 部品に設定されている品名が表示されました。

✔ **同様に「注記」の列を「材質」に変更します。**

⑤ D欄の矢印が出るところでダブルクリック。

⑥ ダイアログボックスが現れます。

✔ **図のように設定します。**

⑦ 列タイプ: ユーザー定義プロパティ

　プロパティ名: 材質

⑧ 部品に設定されている材質が表示されました。

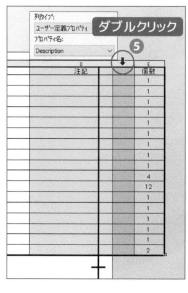

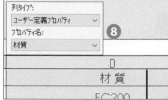

4 表の幅を変更する

✔ **列の幅を整えます。**

❶ 列の境界線をドラッグして適当な幅に変更します。

✔ **部品表の配置を整えます。**

❷ 左上の十字の矢印をドラッグして配置を整えます。

C	D	E
品名	材質	個数
	FC200	1
	FC200	1
	S45C	1

	A	B	C	D	E
1	部品番号	図番	品名	材質	個数
		C001	本体	FC200	1
3	2	C002	カバー	FC200	1
4	3	C003	軸1	S45C	1
5	4	C004	軸2	S45C	1
6	5	C005	平歯車1	S45C	1
7	6	C006	平歯車2	S45C	1
8	7	C007	Vプーリ	S45C	1
9	8	C008	ナット	FC200	1
10	9	C009	ツバ付きブシュ	CAC403	1
11	10	C010	ブシュ	CAC403	4

5 文字の設定を変更する

✔ **品名の列の文字配置を中央揃えにします。**

❶ C欄の矢印が出るところでクリック。

❷ 品名の列のセルがすべて選択されます。

	A	B	C	D	E
1	部品番号	図番	品名	材質	個数
2	1	C001	本体	FC200	1
3	2	C002	カバー	FC200	1
4	3	C003	軸1	S45C	1
5	4	C004	軸2	S45C	1
6	5	C005	平歯車1	S45C	1
7	6	C006	平歯車2	S45C	1
8	7	C007	Vプーリ	S45C	1
9	8	C008	ナット	FC200	1
10	9	C009	ツバ付きブシュ	CAC403	1
11	10	C010	ブシュ	CAC403	4
12	11	C011	六角ボルトM6	SCM435	12
13	12	C012	ノックピン	S45C	1
14	13	C013	麻糸	-	1
15	14	C014	ガスケット	NBR	1
16	15	C015	ブラケット	SS400	1
17	16	C016	ベース	SS400	1
18	17	C017	六角ボルトM10	SCM435	2

❸ 「中央揃え」をクリック。

❹ 品名が中央揃えになりました。

❺ 表の枠の外でクリックして選択を解除します。

	A	B	C	D	E
1	部品番号	図番	品名	材質	個数
3	1	C001	本体	FC200	1
3	2	C002	カバー	FC200	1
4	3	C003	軸1	S45C	1
5	4	C004	軸2	S45C	1
6	5	C005	平歯車1	S45C	1
7	6	C006	平歯車2	S45C	1
9	7	C007	Vプーリ	S45C	1
9	8	C008	ナット	FC200	1
10	9	C009	ツバ付きブシュ	CAC403	1
11	10	C010	ブシュ	CAC403	4
12	11	C011	六角ボルトM6	SCM435	12
13	12	C012	ノックピン	S45C	1
14	13	C013	麻糸	-	1
15	14	C014	ガスケット	NBR	1
16	15	C015	ブラケット	SS400	1
17	16	C016	ベース	SS400	1
18	17	C017	六角ボルトM10	SCM435	2

✔ 部品表のテンプレートとドキュメントのフォント設定が異なるため、追加変更した部分だけフォントが異なっています。部品表全体のフォントを揃えます。

⑥ 表にポインタを合わせて左上の十字矢印をクリック。

⑦ 表全体が選択できました。

	A	B	C	D	E
1	部品番号	図番	品名	材質	個数
2	1	C001	本体	FC200	1
3	2	C002	カバー	FC200	1
4	3	C003	軸1	S45C	1
5	4	C004	軸2	S45C	1
6	5	C005	平歯車1	S45C	1
7	6	C006	平歯車2	S45C	1
8	7	C007	Vプーリ	S45C	1
9	8	C008	ナット	FC200	1
10	9	C009	ツバ付きブシュ	CAC403	1
11	10	C010	ブシュ	CAC403	4
12	11	C011	六角ボルトM6	SCM435	12
13	12	C012	ノックピン	S45C	1
14	13	C013	麻糸	-	1
15	14	C014	ガスケット	NBR	1
16	15	C015	ブラケット	SS400	1
17	16	C016	ベース	SS400	1
18	17	C017	六角ボルトM10	SCM435	2

⑧ 選択状態で「ドキュメントのフォントを使用」をクリック。

✔ フォントが選択できるようになります。

⑨ 「MSゴシック」を選択します。

⑩ 部品表のすべてのフォントがMSゴシックに変更できました。

	A	B	C	D	E
1	部品番号	図番	品名	材質	個数
2	1	C001	本体	FC200	1
3	2	C002	カバー	FC200	1
4	3	C003	軸1	S45C	1
5	4	C004	軸2	S45C	1
6	5	C005	平歯車1	S45C	1
7	6	C006	平歯車2	S45C	1

	A	B	C	D	E
1	部品番号	図番	品名	材質	個数
2	1	C001	本体	FC200	1
3	2	C002	カバー	FC200	1
4	3	C003	軸1	S45C	1
5	4	C004	軸2	S45C	1
6	5	C005	平歯車1	S45C	1

⑪ 各ビューをドラッグして配置を整えます。

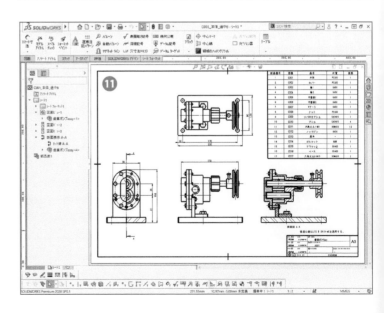

11

バルーンを入れる

自動バルーンコマンドで、選択したビューの各部品に部品番号を表す
バルーンを入れます。また、バルーンコマンドで個別に入れることもで
きます。バルーンと部品表の番号は連動しています。

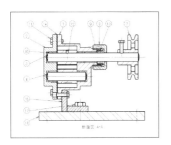

Chapter 5

1 バルーンを入れる

✔ 全断面図にバルーンを入れます。

❶ 断面図ビューをクリック。

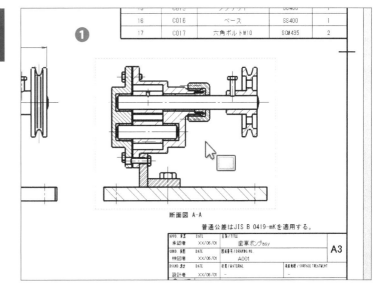

| 16 | C016 | ベース | SS400 | 1 |
| 17 | C017 | 六角ボルトM10 | SCM435 | 2 |

断面図 A-A

普通公差はJIS B 0419-mKを適用する。

APPD. 承認	DATE	名称 / TITLE		
承認者	XX/06/01	歯車ポンプassy		
CHKD. 検図	DATE	図番番号 / DRAWING No.		A3
検図者	XX/06/01	A001		
DSGND. 設計	DATE	材質 / MATERIAL	表面処理 / SURFACE TREATMENT	
設計者	XX/06/01	-	-	

❷ <アノテートアイテム>タブの「自
動バルーン」コマンドをクリック。

✔ 図のように設定をします。

❸ バルーンタイプ

🔲 : 四角形
「マグネットラインを挿入」に
チェックを入れる

バルーンの設定: 円形

サイズ: 2文字

バルーンテキストのタイプ:
部品番号

❹ 「OK」をクリック。

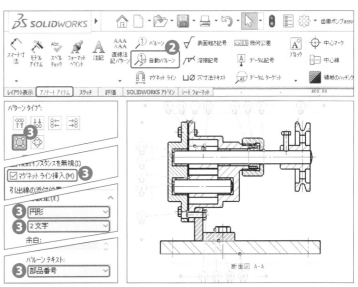

⑤ 断面図にバルーンが挿入できました。

✔ バルーン内の数字は部品番号を表し、部品表の番号と連動しています。

✔ 自動バルーンの初期配置は各図面ごとに違ってきますので本書と異なる場合があります。

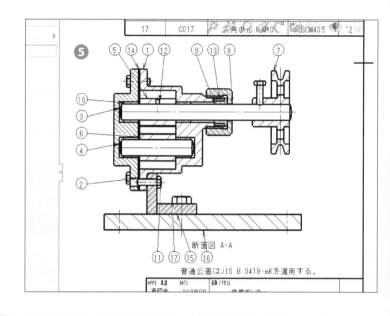

2 バルーンを削除する

✔ 平歯車1と平歯車2を現すバルーン(本書では⑤⑥)は、左側面図に入れるため、ここでは削除します。

① Ctrlキーを押しながら⑤と⑥のバルーンをクリック。

② Deleteキーで削除します。

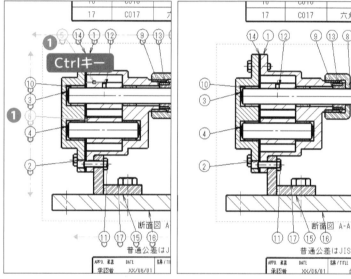

3 マグネットラインを延長する

✔ 他のバルーンが移動しやすいように、マグネットラインを延長します。

① 断面図のビューをクリック。

② 断面図の左に配置してあるバルーンをクリック(本書では②)。

③ マグネットラインの端点の三角をドラッグして、延長します。

④ 同様に上側のマグネットラインの長さを調節します。

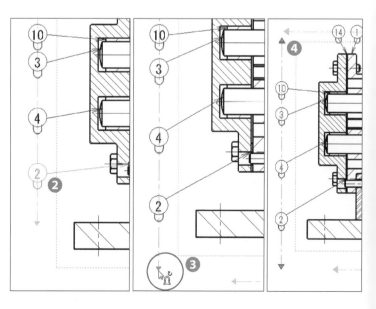

4 バルーンの配置を整える

❶ ベースのバルーンをクリック(本書では⑯)。

❷ バルーンを鉛直のマグネットライン上へドラッグ。

❸ 図に示す辺りでドロップ。

❹ バルーンが移動できました。

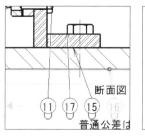
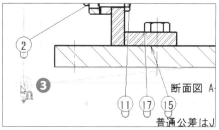

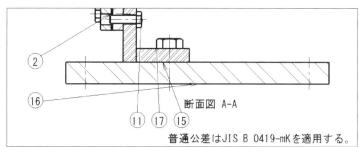

5 矢印の位置を変更する

✔ バルーンの矢印の指す位置を変更します。

❶ 先ほど移動させた⑯のバルーンをクリック。

❷ 矢印端点のグリップをドラッグ。

❸ 図に示すエッジに移動します。

✔ 他の部品のエッジや面にグリップを移動すると部品番号が変わります。

これはバルーンが部品表と連動しているからです。

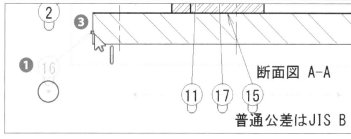

マグネットライン

●マグネットラインの追加

<アノテートアイテム>の「マグネットライン」から追加ができます。

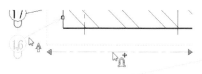

●マグネットラインの削除

図面内の任意のバルーンをクリック。マグネットラインが可視化されます。マグネットラインを選択してDeleteキーで削除します。

等しい値

ライン上、バルーンが等間隔で配置されます。

フリードラッグ

ライン上、自由に位置を移動できます。

■ 作図課題

図のように、バルーンを入れます。

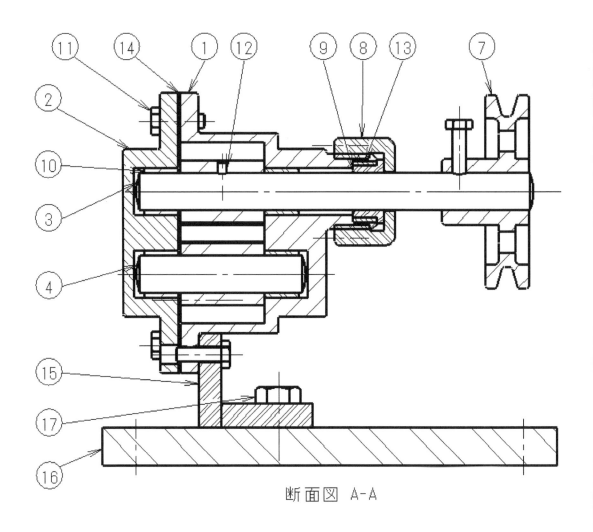

断面図 A-A

ポイントの解説

バルーンの配置を整えてみましょう。

※配置はすべてこの通りにならなくてもよい。

※バルーンの線は交差させない。

※重複や抜けバルーン（平歯車1・2以外）がないようにする。

6 バルーンを追加する

✔ 六角ボルトM6（⑪）のバルーンを
   追加します。

❶ <アノテートアイテム>タブの「バ
   ルーン」コマンドをクリック。

✔ 図のように設定をします。

❷ スタイル: 円形

   サイズ: 2文字

   バルーンテキストのタイプ:
   部品番号

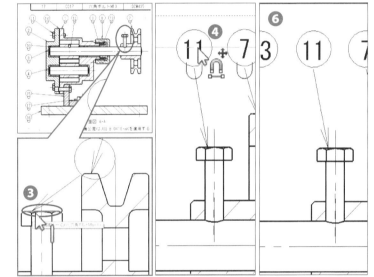

❸ 図に示すエッジをクリック。

❹ ポインタを動かしてマグネットラ
   インの上でピタッとするところで
   クリック。

❺ 「OK」をクリック。

❻ バルーンが追加できました。

❼ Escキーで選択を解除します。

✔ 左側面図に、平歯車1（⑤）平歯車
   2（⑥）のバルーンを追加します。

❽ 左側面図をダブルクリックしてアク
   ティブにします。

❾ <アノテートアイテム>タブの「バ
   ルーン」コマンドをクリック。

❿ 図のようにバルーンを配置します。

⓫ 「OK」をクリックし、コマンド
   を解除します。

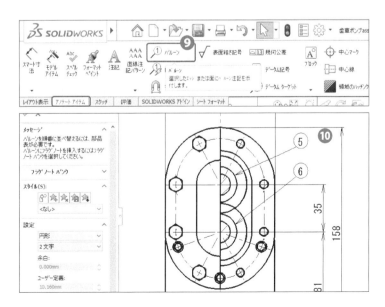

7 バルーンを整列する

❶ 図に示す鉛直のマグネットライン
に並んだバルーンをすべて選択
します。

❷ 選択した状態で右クリック。

❸ メニューから「整列」をポイントし
て「縦に均等」をクリック。

❹ バルーンがマグネットラインに等
間隔に整列しました。

✔ 同様に水平のマグネットラインに
並んだバルーンを整列します。

❺ 水平のマグネットラインに並んだ
バルーンをすべて選択します。

❻ 選択した状態で右クリック。

❼ メニューから「整列」をポイントし
て「横に均等」をクリック。

❽ バルーンがマグネットラインに等
間隔に整列しました。

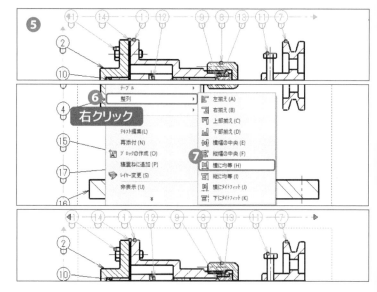

8 バルーンと部品表の関連性を確認する

✔ バルーンと部品表の関連性を確
認しましょう。

現在の「六角ボルトM6」の部品番
号は⑪、バルーン番号も⑪です。

部品表の並びを変更して、「六角
ボルトM6」を「六角ボルトM10」
の1つ上の行に移動してみましょ
う。

9	C009	ツバ付きブシュ	CAC403	1
10	C010	ブシュ	CAC403	4
11	C011	六角ボルトM6	SCM435	12
12	C012	ノックピン	S45C	1
13	C013	麻糸	-	1
14	C014	ガスケット	NBR	1
15	C015	ブラケット	SS400	1
16	C016	ベース	SS400	1
17	C017	六角ボルトM10	SCM435	2

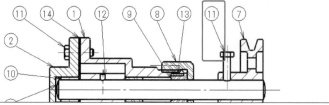

❶ 「六角ボルトM6」の行にポインタ
を合わせてクリックします。

❷ そのままドラッグして「ベース」の
行の上でドロップ。

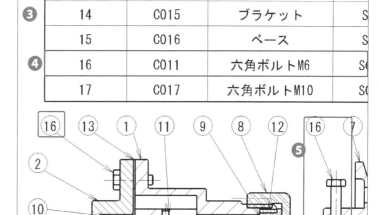

	11	10	C010	ブシュ	CAC403
❶	12	11	C011	六角ボルトM6	SCM435
	13	12	C012	ノックピン	S45C

	15	14	C014	ガスケット	NBR
	16	15	C015	ブラケット	SS400
❷	17	16	C016	ベース	SS400
	18	17	C017	六角ボルトM10	SCM435

❸ 部品表の並びが変更できました。

✔ バルーンの番号を確認します。

❹ 「六角ボルトM6」の部品番号が
⑯に変わりました。

❺ バルーンと部品表の番号が関連
していることが確認できました。

✔ 関連する他の部品番号も変わっ
ています。

❸	14	C015	ブラケット	S
	15	C016	ベース	S
❹	16	C011	六角ボルトM6	S
	17	C017	六角ボルトM10	S

✔ 確認ができたら、並びを戻します。

❻ 「六角ボルトM6」の行にポインタ
を合わせてクリック。

❼ そのままドラッグして「ブシュ」の
行の上でドロップ。

❽ 部品表の並びが元に戻りました。

| ❻ | 16 | C011 | 六角ボルトM6 | SCM435 |
| | 17 | C017 | 六角ボルトM10 | SCM435 |

	9	8	C008	ナット	FC200
	10	9	C009	ツバ付きブシュ	CAC403
❼	11	10	C010	ブシュ	CAC403
	12	11	C012	ノックピン	S45C

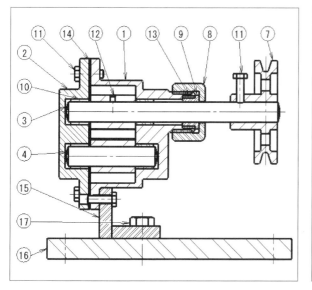

❽

部品番号	図番	品名	材質	個数
1	C001	本体	FC200	1
2	C002	カバー	FC200	1
3	C003	軸1	S45C	1
4	C004	軸2	S45C	1
5	C005	平歯車1	S45C	1
6	C006	平歯車2	S45C	1
7	C007	Vプーリ	S45C	1
8	C008	ナット	FC200	1
9	C009	ツバ付きブシュ	CAC403	1
10	C010	ブシュ	CAC403	4
11	C011	六角ボルトM6	SCM435	12
12	C012	ノックピン	S45C	1
13	C013	麻糸	–	1
14	C014	ガスケット	NBR	1
15	C015	ブラケット	SS400	1
16	C016	ベース	SS400	1
17	C017	六角ボルトM10	SCM435	2

12

図面を仕上げる

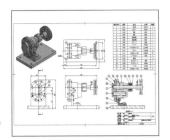

ビューの配置や注記を整え、立体図を作成して組立図を仕上げます。

1 注記を削除する

✔ **既存の注記を削除するため、「シートフォーマット編集」に切り替えます。**

❶ ＜シートフォーマット＞タブの「シートフォーマット編集」コマンドをクリック。

❷ 「シートフォーマット編集」に入りました。

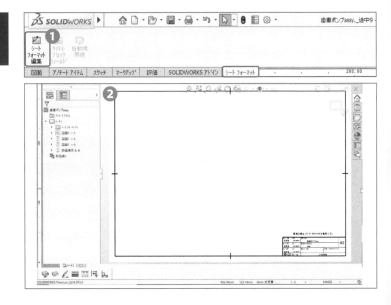

❸ 「普通公差はJIS B 0419-mKを適用する。」をクリックしDeleteキーで削除します。

✔ **「シートフォーマット編集」を終了し「図面シート編集」に戻ります。**

❹ 確認コーナーの「シートフォーマット編集終了」をクリック。

❺ 「図面シート編集」に戻りました。

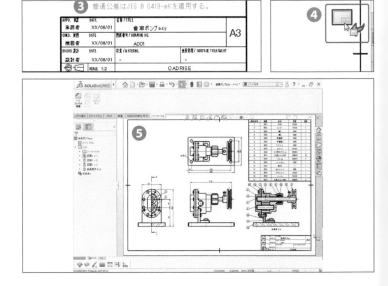

2 ビューの配置を整える

✔ **立体図を作成し、ビューの配置を整えて見やすい図面にします。**

❶ <図面>タブの「モデルビュー」コマンドをクリック。

❷ 「歯車ポンプassy」ドキュメントをダブルクリック。

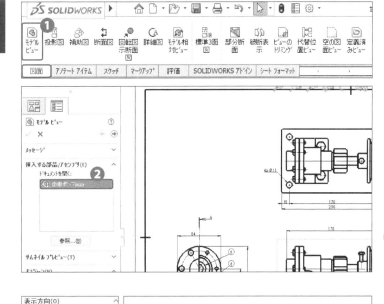

✔ **図のように設定をします。**

❸ 「プレビュー」にチェックを入れます。

「等角投影」をクリック。

表示スタイル:
エッジシェイディング表示

「シートのスケール使用」にチェックが入っていることを確認します。

❹ ポインタを動かして図の辺りの位置でクリック。

❺ 立体図が作成できました。

❻ ビューをドラッグして配置を整えます。

✔ **歯車ポンプの組立図が完成しました。**

❼ メニューバー「保存」をクリック。

❽ 「演習_歯車ポンプ」フォルダに上書き保存をします。

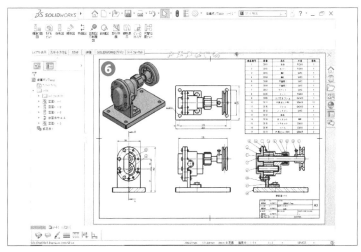

図面ドキュメントツリーの構成

図面ドキュメントのツリーは各ビューと連動しています。

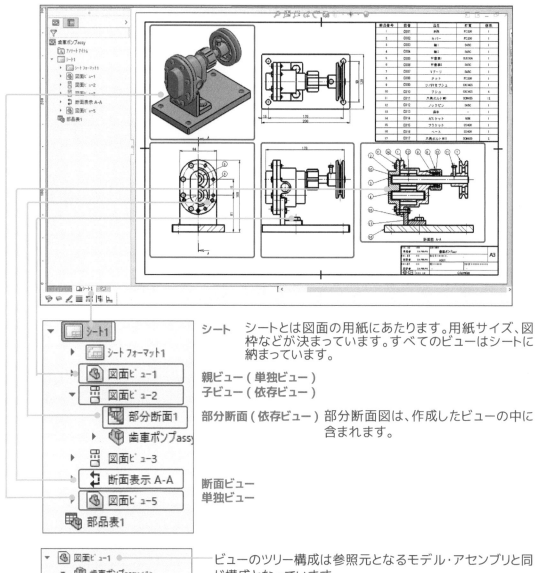

シート シートとは図面の用紙にあたります。用紙サイズ、図枠などが決まっています。すべてのビューはシートに納まっています。

親ビュー（単独ビュー）
子ビュー（依存ビュー）

部分断面（依存ビュー） 部分断面図は、作成したビューの中に含まれます。

断面ビュー
単独ビュー

ビューのツリー構成は参照元となるモデル・アセンブリと同じ構成となっています。

表示・非表示、編集など、目的の部品をツリー上で選択することが可能です。

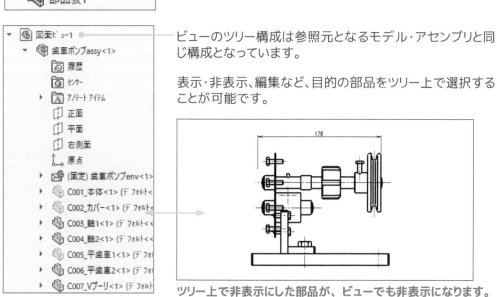

ツリー上で非表示にした部品が、ビューでも非表示になります。

Chapter 6

オリジナルの
図面テンプレートを作成する

オリジナルの図面テンプレートを作成する

01 図面ドキュメントの設定
を変更する

02 シートプロパティを
設定する

03 輪郭線を作成する

04 表題欄を作成する

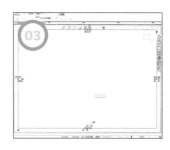

05 表題欄に部品情報をリン
クさせる

06 図面テンプレートを保存
する

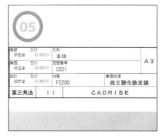

07 テンプレートの参照先を
追加する

部品表のテンプレートを
作成する

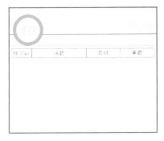

要目表のテンプレートを
作成する

歯形	
モジュール	
圧力角	
歯数	
基準円直径	

リビジョンテーブルの
テンプレートを作成する

デザインライブラリの活用

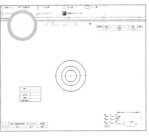

図枠を編集する

サンプル図面を作成する

オリジナルテンプレート

01

図面ドキュメントの設定を変更する

オリジナルの図面テンプレートを作成するために、使用する文字や寸法の方式、線の属性など全般的な設定を行います。

Chapter 6

1　新しく図面ドキュメントを開く

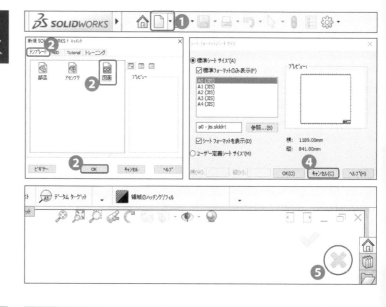

❶ メニューバーの「新規」をクリック。

❷ <テンプレート>タブの「図面」ドキュメントを選択して「OK」をクリック。

❸ 「シートフォーマット/シートサイズ」のダイアログボックスが現れます。

❹ 「キャンセル」をクリック。

✔ キャンセルすると白紙の図面ドキュメントが開きます。

❺ 「×」をクリックしコマンドを解除します。

2　システムオプションの設定

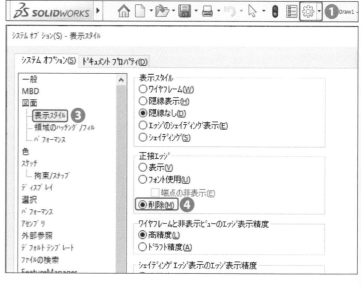

✔ 一般的な製図のフォーマットに合わせるため、フォントや矢印、投影法の設定を行います。

図面作成の作業前にシステムオプションを確認します。

❶ メニューバーの「オプション」をクリック。

❷ オプションの設定画面が現れます。

❸ 「表示スタイル」をクリック。

❹ 正接エッジを「削除」にします。

3 ドキュメントプロパティの設定

❶ <ドキュメントプロパティ>タブをクリック。

✔ ドキュメントプロパティに切り替わります。

❷ 「設計規格」をクリック。

❸ 全体的な設計規格が「JIS」になっているのを確認します。

✔ JIS以外の場合はプルダウンからJISを選択します。

❹ 「アノテートアイテム」をクリック。

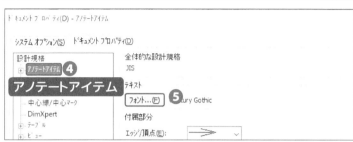

❺ 「フォント」をクリック。

❻ 「フォント選択」のダイアログが現れます。

✔ 図のように設定します。

❼ フォント：MSゴシック

　　スタイル：標準

　　サイズ：単位 3.5mm

　　フォント選択のダイアログボックスの「OK」をクリック。

❽ 「アノテートアイテム」の「+」ボタンをクリック。

❾ 「表面粗さ記号」をクリック。

❿ 引出線表示の「折れ線」にチェックを入れます。

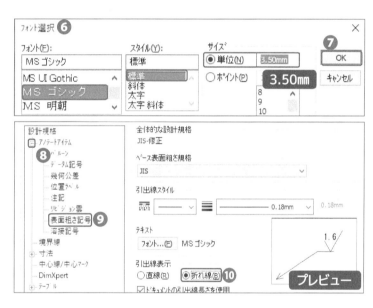

4 寸法の設定

❶ 「寸法」をクリック。

❷ 「フォント」をクリック。

❸ 「フォント選択」のダイアログが現れます。

✔ 図のように設定します。

❹ フォント：MSゴシック

　　スタイル：標準

　　サイズ：単位 3.5mm

❺ 「フォント選択」のダイアログボックスの「OK」をクリック。

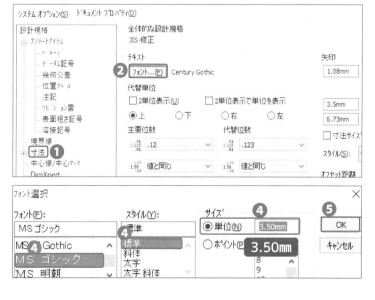

✔ 矢印の項目の数値を変更します。

✔ 図のように設定します。

⑥ 矢印のサイズ：1.2mm
             3.2mm
             4.2mm

⑦ スタイルを「開矢印」にします。

⑧ 「小数点の後のゼロ表示」の「寸法」を「削除」にします。

✔ アラートメッセージが現れた場合には「OK」をクリックします。

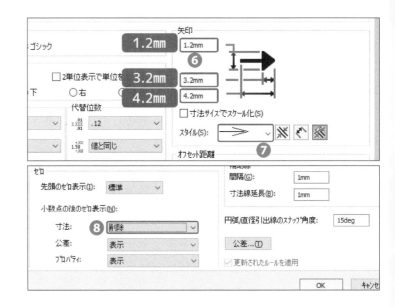

⑨ 「寸法」の「+」ボタンをクリック。

⑩ 「面取り」をクリック。

⑪ 「テキスト位置」を図のタイプ（角度付き、下線付きテキスト）にします。

⑫ 「面取りテキストフォーマット」の「C1」にチェックを入れます。

⑬ 「直径」をクリック。

⑭ 「テキスト位置」を図のタイプ（破線引出線、水平テキスト）にします。

5 テーブルの設定

① 「テーブル」の「+」ボタンをクリック。

② 「部品表」をクリック。

③ 境界線の外枠：0.35mm

6 ビューの設定

① 「ビュー」の「+」ボタンをクリック。

② 「断面図」をクリック。

③ 「線種」を「細/太鎖線」にします。

④ 「断面/表示サイズ」の「断面表示の矢印サイズでスケール化」にチェックを入れます。

⑤ 矢印のスタイルを「開矢印」にします。

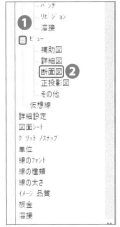

7 線のフォントの設定

① 「線のフォント」をクリック。

② エッジのカテゴリの「可視エッジ」を選択します。

③ 線の太さ: 0.35mm

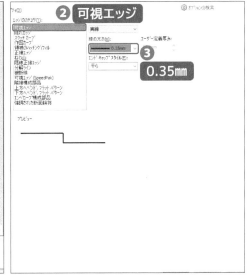

8 詳細設定の確認

① 「詳細設定」をクリック。

② 「ビューの作成時に自動的に挿入」の「中心マーク穴-部品」にチェックが入っていることを確認します。

③ 「OK」をクリック。

④ システムオプションとドキュメントプロパティの設定ができました。

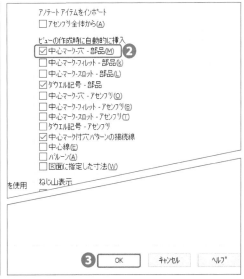

Chapter 6

02

シートプロパティを設定する

図面ドキュメントのシートプロパティ編集で、スケール（尺度）、投影法、用紙サイズを設定します。

1 スケール（尺度）と投影法を確認する

✓ **スケール（尺度）と投影法を確認して用紙のサイズを設定します。**

❶ ＜シート＞タブの上で右クリック。

❷ 「プロパティ」をクリック。

❸ シートプロパティのダイアログボックスが表示されます。

❹ スケールが「1：1」、投影図タイプが「第3角法」となっていることを確認します。

2 用紙サイズを A3 に設定する

❶ 「ユーザー定義シートサイズ」にチェックを入れます。

❷ A3用紙のサイズの

　横：420

　縦：297

　を入力します。

❸ 「変更を適用」をクリック。

❹ 用紙の大きさが設定できました。

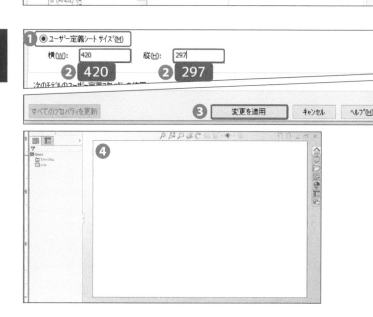

03

輪郭線を作成する

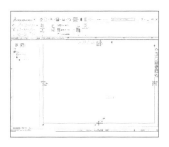

シートフォーマット編集で図枠を作成します。枠線はスケッチの直線
コマンドなどを使用します。

1 輪郭線を描く

❶ ＜シートフォーマット＞タブの
「シートフォーマット編集」コマン
ドをクリック。

✔ ver.2015以前は、＜シート＞タブ
の上で右クリック。メニューの「シー
トフォーマット編集」をクリックしま
す。

❷ 「シートフォーマット編集」に入り
ました。

❸ ヘッズアップビューツールバーの
「アイテムの表示／非表示」の▼
をクリック。

❹ 「スケッチの拘束関係の表示」を
オンにします。

❺ ＜スケッチ＞タブの「矩形コー
ナー」コマンドをクリック。

❻ 図面の上に適当な大きさの矩形
を描きます。

❼ Escキーでコマンドを解除します。

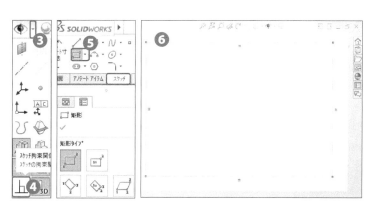

✔ **輪郭線の周囲に10㎜の余白を設定します。**

⑧ 矩形の左下の点をクリック。

⑨ パラメータのX座標に「10」Y座標に「10」と入力します。

⑩ 「固定」の拘束を付けます。

⑪ Escキーで選択を解除します。

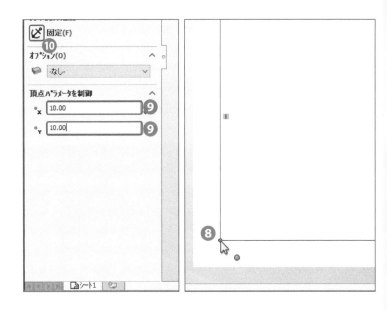

⑫ 対角の右上の点をクリック。

⑬ X座標に「410」Y座標に「287」と入力します。

⑭ 「固定」の拘束をつけます。

⑮ Escキーで選択を解除します。

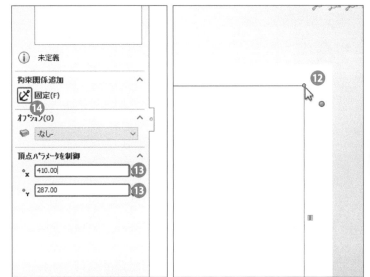

⑯ 矩形が完全定義になりました。

2 輪郭線の中心マークを描く

❶ <スケッチ>タブの「直線」の▼をクリック。

❷ 「中点線」コマンドをクリック。

✔ 「中点線」は始点を中心として対称な線を作成するコマンドです。

✔ 輪郭線の中心マークを直線の中点を始点にして描きます。

❸ 図に示す直線の中点をクリック。

❹ 水平に移動してクリック。

❺ 少し離れたところでダブルクリックして直線を切ります。

❻ 残り3箇所にも直線を描きます。

❼ Escキーでコマンドを解除します。

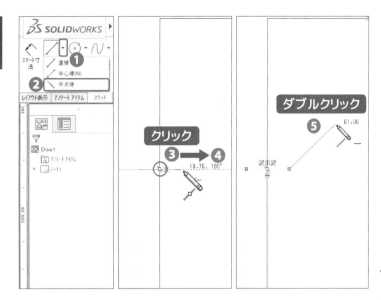

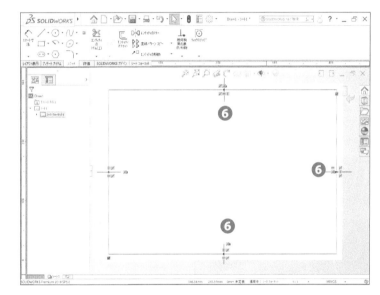

✔ 4本の直線を同じ長さにします。

❽ Ctrlキーを押しながら図に示す4本の線をクリック。

❾ 「等しい値」の拘束をつけます。

❿ Escキーでコマンドを解除します。

⓫ 4本の線が同じ長さになりました。

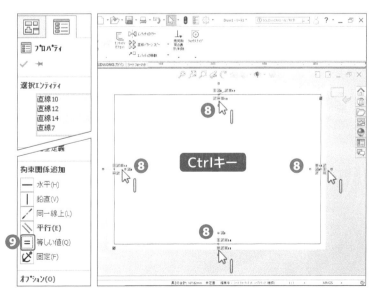

✔ **1本の直線に寸法を入れます。**

⑫ <スケッチ>タブの「スマート寸法」コマンドをクリック。

⑬ 図に示す「直線」をクリック。

⑭ 「10」と入力します。

⑮ Enterで確定します。

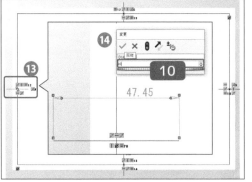

⑯ 線が10mmの長さになりました。

⑰ Escキーでコマンドを解除します。

✔ **入れた寸法は長さを揃えるものなので非表示にします。**

⑱ 先ほど入れた寸法「10」の上で右クリック。

⑲ メニューの「非表示」をクリック。

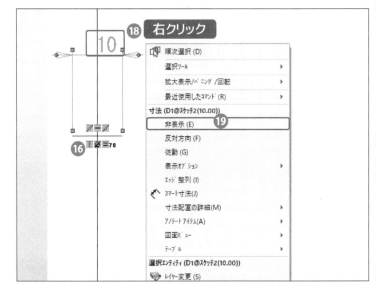

⑳ 寸法が非表示になりました。

㉑ 輪郭線が作成できました。

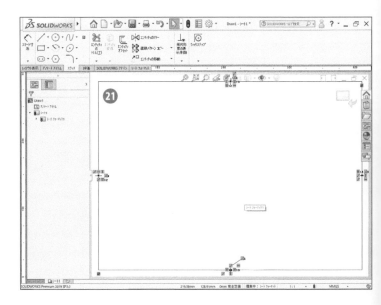

04 表題欄を作成する

シートフォーマット編集で図面の表題欄を作成します。表罫線にはスケッチの直線コマンドなどを使用します。

1 表題欄の枠を描く

❶ <スケッチ>タブ の「矩形コーナー」コマンドをクリック。

❷ 右下の点に一致(同心円)の拘束をつけてクリック。

❸ ポインタを左上に動かしてクリックし矩形を描きます。

❹ Escキーでコマンドを解除します。

2 罫線を描く

❶ <スケッチ>タブの「直線」コマンドをクリック。

❷ 鉛直な線に始点と終点を一致させて水平な直線を描きます。

✔ 中点などを避けて不要な拘束がつかないように注意します。

❸ 少し離れたところでダブルクリックをして直線を切ります。

④ 「直線」コマンドで図のようなスケッチを描きます。

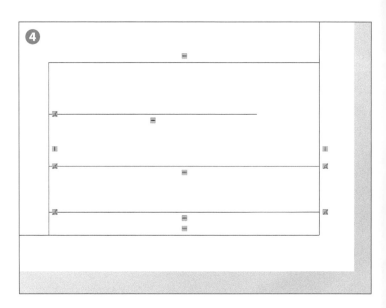

⑤ 水平な線に始点と終点を一致させて鉛直な線を5本描きます。

! 端点をポイントして現れる推測線を利用して描きます。

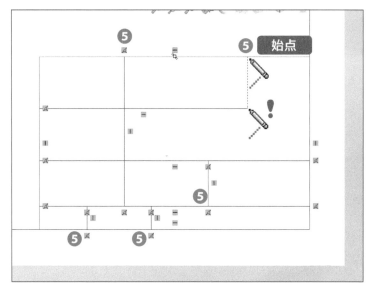

⑥ Escキーでコマンドを解除します。

⑦ 罫線が描けました。

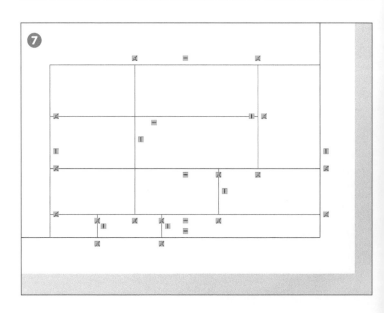

3 寸法を入れて罫線の間隔を整える

✔ 寸法を入れて罫線のスケッチを完全定義にします。

❶ <スケッチ>タブの「スマート寸法」コマンドをクリック。

❷ 図のように寸法を入れます。

❸ すべての寸法が入り罫線の間隔が整いました。

❹ スケッチが完全定義になりました。

❺ Escキーでコマンドを解除します。

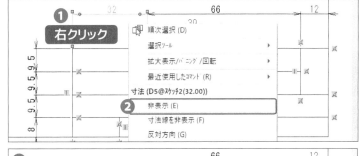

4 寸法を非表示にする

❶ 「32」の寸法の上で右クリック。

❷ メニューの「非表示」をクリック。

❸ 寸法が非表示になりました。

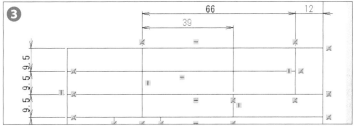

❹ 同様にすべての寸法を非表示にします。

✔ 非表示にした寸法を表示するにはP126参照。

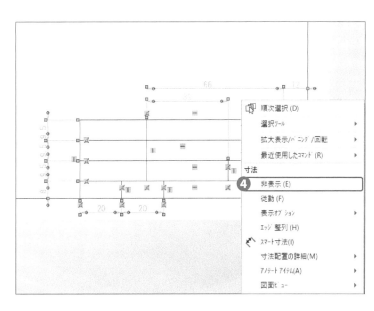

5 輪郭線と表題欄の線の太さを変更する

✓ **図枠の線の太さを変更します。**

① Ctrlキーを押しながら図に示す4本の線をクリック。

② 「線属性の変更」ツールバーの「線の太さ」をクリック。

③ 「0.35mm」に変更します。

④ 枠の外でクリックし選択を解除します。

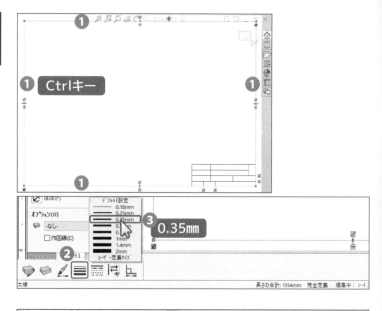

⑤ 中心マーク、表題欄の外枠の線の太さも「0.35mm」に変更します。

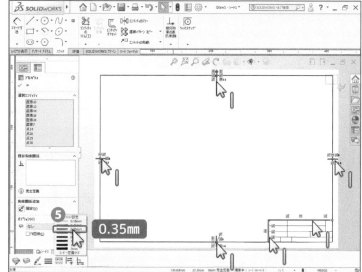

⑥ 線が太くなりました。

⑦ ヘッズアップビューツールバーの「スケッチ拘束関係の表示」をオフにします。

⑧ プルダウンメニューの外でクリックしメニューを閉じます。

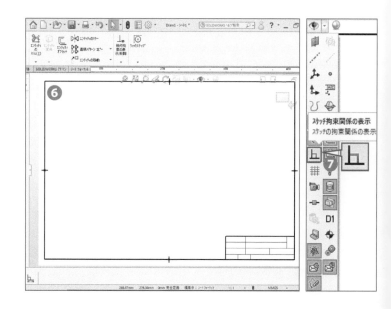

6 表題欄の項目を入れる

✔ 表題欄の項目名を入力します。

❶ <アノテートアイテム>タブの「注記」コマンドをクリック。

❷ 図に示す位置でクリック。

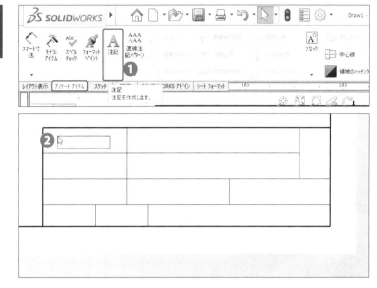

❸ サイズを「8」ポイントにします。

❹ 「承認」と入力します。

❺ 枠の外でクリックし配置します。

❻ 文字が入力できました。

❗ 注記のコマンドが継続しています。同じ書式で続けて配置ができます。

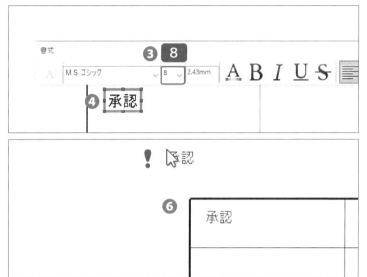

✔ 図を参考に他の文字を入力します。

❼ 文字入力が終わったら、Escキーでコマンドを解除します。

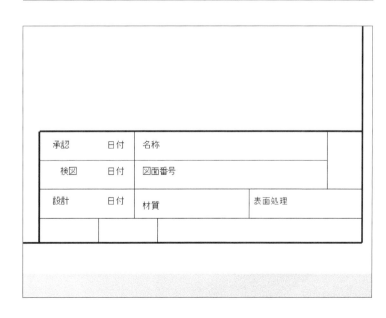

⑧ <アノテートアイテム>タブの「注記」コマンドをクリック。

⑨ 図に示す位置でクリック。

⑩ サイズを「12」ポイントにして「第三角法」と入力します。

⑪ 枠の外でクリックし配置します。

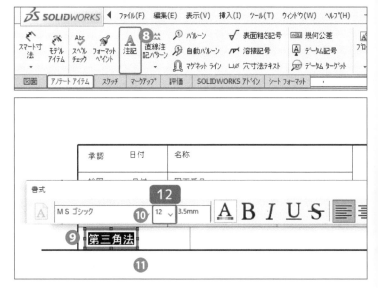

⑫ 同様に図に示す位置に「CADRISE」「A3」と全角文字で入力して配置します。

✔ 「F9キー」を押すと一括で全角文字にすることができます。

⑬ Escキーでコマンドを解除します。

7 文字を整列する

❶ 1行目の「承認」「日付」「名称」を図のような位置にドラッグして配置します。

✔ Altキーを押しながらドラッグすると細かく動かすことができます。

✔ 次の手順で「承認」を基準に文字を揃えます。図では整列の結果がわかりやすいように、他のボックスの位置をずらして配置してあります。

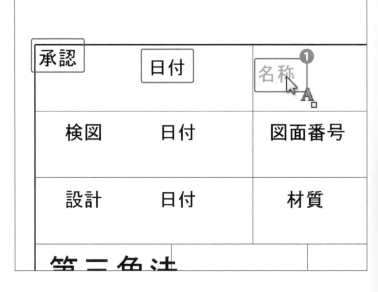

❷ Ctrlキーを押しながら「承認」「日付」「名称」を選択して右クリック。

❸ メニューの「整列」をクリックし「上部揃え」をクリック。

❹ Escキーで選択を解除します。

❺ 1行目の文字列が揃いました。

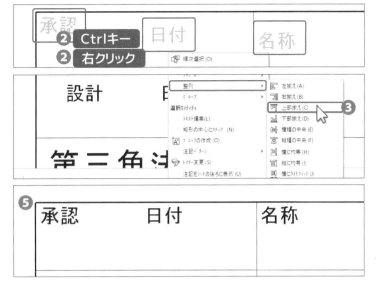

✔ 「承認」に合わせて1列目を整えます。

❻ Ctrlキーを押しながら「承認」「検図」「設計」を選択して右クリック。

❼ メニューの「整列」をクリックし「左揃え」をクリック。

❽ 1列目の文字列が揃いました。

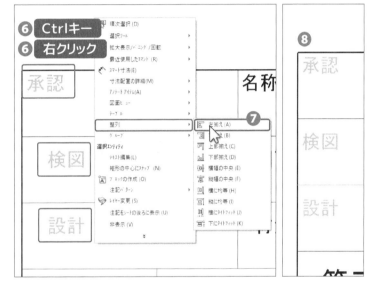

❾ 図のように他の文字列も揃えます。

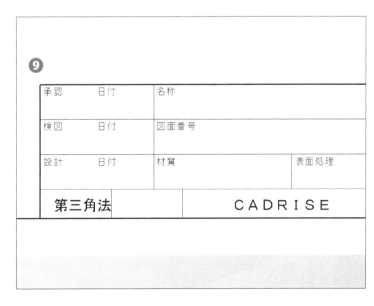

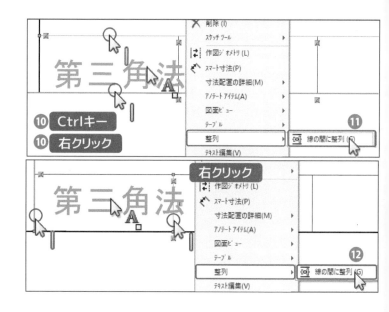

✔ 「第三角法」の文字をセル内で
　整えます。

⑩ Ctrlキーを押しながら上下の罫
　線と「第三角法」を選択して右ク
　リック。

⑪ メニューの「整列」をクリックし
　「線の間に整列」をクリック。

⑫ 同様に左右の罫線と文字列を
　「線の間に整列」します。

⑬ 同様に「CADRISE」「A3」の文字
　列をセル内で整えます。

⑭ 項目が入りました。

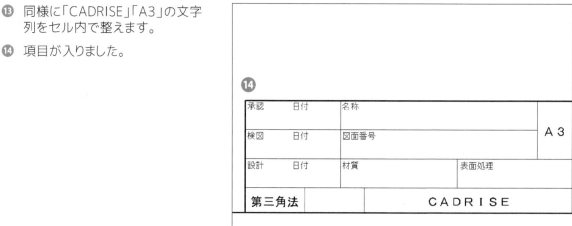

承認	日付	名称		
検図	日付	図面番号		A 3
設計	日付	材質	表面処理	
第三角法			CADRISE	

---

8 注記ボックスを配置する

✔ 注記ボックスは、後から挿入され
　る文字の位置を指定するための
　ものです。

　部品ドキュメントのプロパティと
　リンクさせるとその情報が表示さ
　れます。

❶ <アノテートアイテム>タブの「注
　記」コマンドをクリック。

❷ 図に示す位置でクリック。

❸ 文字枠の外でクリック。

❹ 空の注記ボックスが配置できま
　した。

⑤ 図のように他の空の注記ボックスを配置します。

⑥ Escキーでコマンドを解除します。

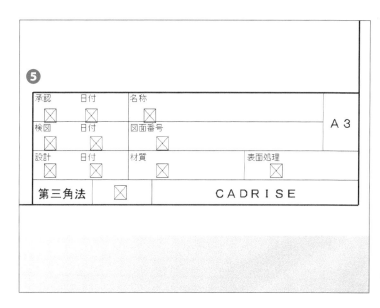

✔ 1行目の注記ボックスを整列します。

⑦ 基準にする図の注記ボックスをドラッグして位置を決めます。

⑧ Ctrlキーを押しながら整列したいボックスをクリックし右クリック。

⑨ メニューの「整列」を選択して「上部揃え」をクリック。

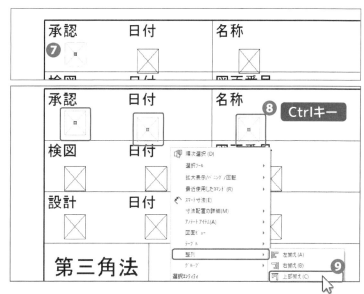

⑩ 1行目が揃いました。

⑪ 同様に図のように揃えます。

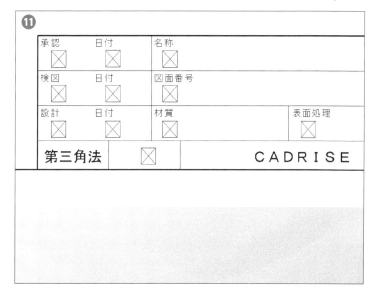

⑫ 図に示す注記ボックスは上下・左右の線の間に整列します。

⑬ 注記ボックスが整いました。

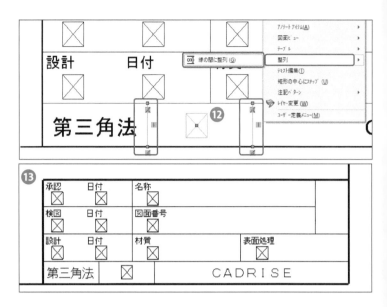

✔ シートフォーマット編集を終了して図面シート編集に戻ります。

⑭ 確認コーナーの「シートフォーマット編集終了」をクリック。

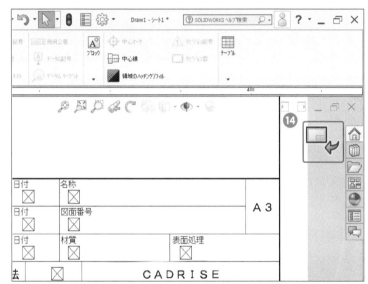

⑮ 「図面シート編集」に戻りました。

表題欄に部品情報をリンクさせる

表題欄に作成した注記ボックスに、部品ドキュメントに付随する情報（プロパティ）を表示するようにします。注記ボックスに部品のプロパティをリンクすると、図面に部品のビューを配置した際に、それらのプロパティを検出して自動的に表示されるようになります。

プロパティとは

各ドキュメントには、品名、設計者、設計日、材質などの詳細情報や属性情報を、「ファイル」の「プロパティ」から「ユーザー定義プロパティ」として登録することができます。

部品、アセンブリ、図面ドキュメントのプロパティに登録した情報は、図面ドキュメントの注記ボックスへリンクして自動的に表示することができます。

例えば、本体の部品ドキュメントのプロパティと、本体の図面ドキュメントのプロパティを表題欄へリンクして表示することができます。

組立図の図面ドキュメントの部品表には、そのアセンブリで使用した各部品のプロパティをリンクして表示します。

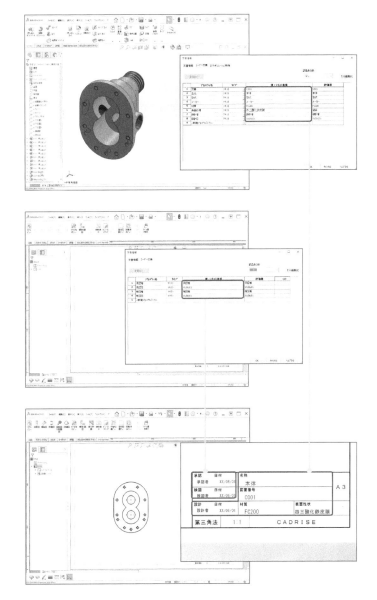

1 プロパティ参照のための ビューを挿入する

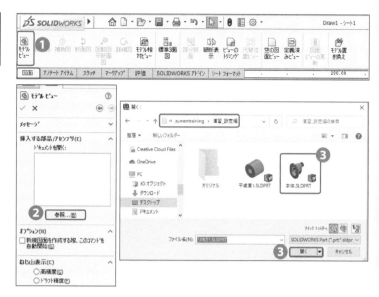

✔ 図面化するモデルのプロパティ と図面ドキュメントとのリンクを行 うために部品のビューを配置して おく必要があります。

この部品のビューは設定終了後 に図面から削除します。

① <図面>タブの「モデルビュー」コ マンドをクリック。

② 「参照」をクリック。

③ 「演習_設定編」フォルダの部品 ドキュメント「本体.SLDPRT」を 選択して「開く」をクリック。

④ 表示方向の正面をクリックし、プ レビューにチェックを入れます。

⑤ ポインタを移動し図に示す位置 でクリック。

⑥ ビューが配置できました。

⑦ ☑ 「OK」をクリック。

2 スケール（尺度）を 変更する

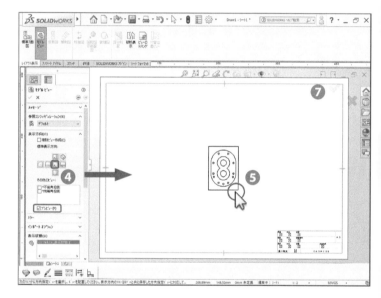

① 「シート1」を右クリック。

② メニューから「プロパティ」をク リック。

③ スケールを「1:1」に変更します。

④ 「変更を適用」をクリック。

⑤ 図面シートの尺度が変更できま した。

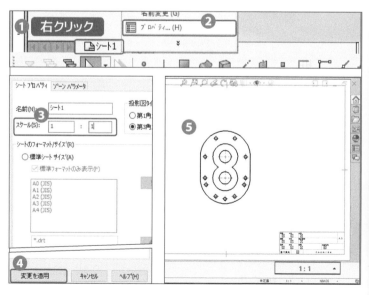

3 部品ドキュメントの プロパティを確認する

① ビューの上で右クリック。

② コンテキストツールバーの「部品 を開く」をクリック。

③ アラートメッセージが現れた場 合は「OK」をクリック。

④ 本体の部品ドキュメントが開きま した。

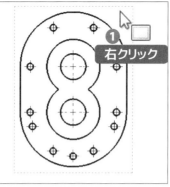

右クリック

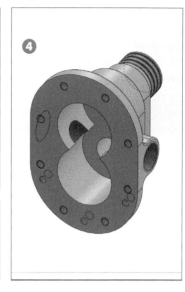

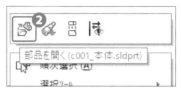

部品を開く(c001_本体.sldprt)

✔ 部品ドキュメントのプロパティを 確認します。

⑤ メニューバーの「ファイルプロパ ティ」をクリック。

⑥ ダイアログボックスが現れます。

⑦ 「ユーザー定義」タブをクリック。 設定されているプロパティ情報 を確認します。

✔ このプロパティの登録情報を表 題欄の注記ボックスにリンクして 表示させます。

⑧ 確認ができたら「OK」をクリック しプロパティを閉じます。

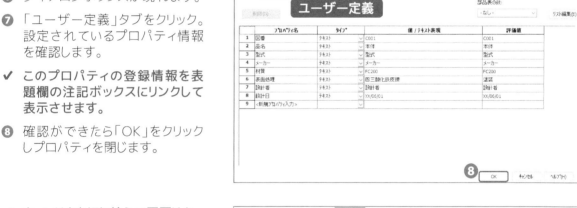

ユーザー定義

	プロパティ名	タイプ	値 / テキスト表現	評価値
1	図番	テキスト	C001	C001
2	品名	テキスト	本体	本体
3	型式	テキスト	型式	型式
4	メーカー	テキスト	メーカー	メーカー
5	材質	テキスト	FC200	FC200
6	表面処理	テキスト	四三酸化鉄皮膜	塗装
7	設計者	テキスト	設計者	設計者
8	設計日	テキスト	XX/06/01	XX/06/01
9	<新規プロパティ入力>			

✔ ウィンドウを切り替えて図面ドキュ メントに戻ります。

⑨ メニューバーの「ウインドウ」をク リック。

✔ 現在開いているドキュメントが確 認できます。

⑩ 図面ドキュメントをクリック。

⑪ 図面ドキュメントに戻りました。

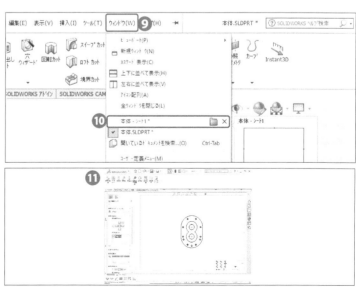

4 部品のプロパティを表題欄にリンクする

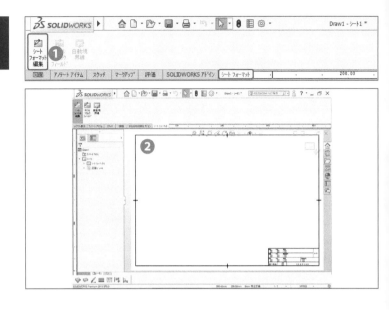

✔ **シートフォーマット編集に入ります。**

❶ <シートフォーマット>タブの「シートフォーマット編集」コマンドをクリック。

❷ 「シートフォーマット編集」に入りました。

✔ **注記ボックスに部品ドキュメントのプロパティをリンクします。**

❸ 「名称」の注記ボックスをクリック。

❹ テキストフォーマットの「プロパティへリンク」をクリック。

❺ ダイアログボックスが現れます。

✔ **挿入したモデルの部品ドキュメントのプロパティから、リンクする参照先を選びます。**

❻ 「モデルの検出」にチェックを入れます。

❼ 「プロパティ名」のプルダウンをクリックし「品名」を選択します。

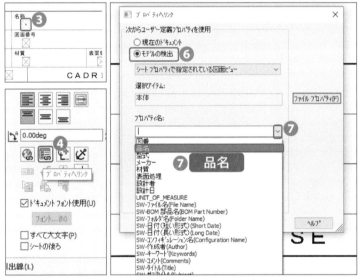

! 評価値に、モデルに設定された「本体」が表示されます。リンクしている注記ボックスに「本体」と入ります。

❽ 「OK」をクリック。

❾ 枠の外でクリックし選択を解除します。

❿ 部品ドキュメントのプロパティとリンクできました。

! リンクがついた注記は青色で表示されます。

Chapter 6

⑪ 同様の手順で図の注記ボックス
にプロパティをリンクします。

  ❶図番
  ❷材質
  ❸表面処理
  ❹設計者
  ❺設計日

✔ リンクさせた注記ボックスが青色
になりました。

✔ シートフォーマット編集を終了し
ます。

⑫ 右上の確認コーナーの「シート
フォーマット編集終了」をクリック。

⑬ 「図面シート編集」に戻りました。

5 図面のプロパティを新しく作成する

✔ 図面ドキュメントのプロパティを
確認します。

❶ メニューバーの「ファイルプロパ
ティ」をクリック。

❷ ダイアログボックスが現れます。

❸ 「ユーザー定義」タブになってい
ることを確認します。

✔ デフォルトの図面テンプレートに
はプロパティは入っていません。
新しくプロパティを作成します。

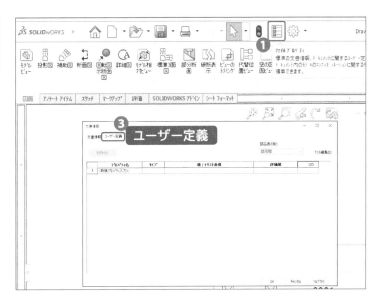

❹ 「プロパティ名」の＜新規プロパ
ティ入力＞をクリック。

❺ 「承認者」と入力します。

❻ 図の箇所をクリックして「テキス
ト」をクリック。

❼ 「値/テキスト表現」に「承認者」
と入力しEnterキーを押します。

❽ 評価値に「承認者」と表示されま
す。

✔ 新しく図面ドキュメントにユーザー
定義プロパティが作成できました。

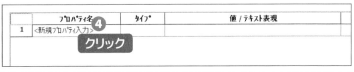

⑨ 同様の手順で「承認日」、「検図者」、「検図日」のプロパティを作成します。

承認日 テキスト XX/06/01
検図者 テキスト 検図者
検図日 テキスト XX/06/01

✔ 「プロパティ名」に入力した内容がプロパティのプルダウンリストに表示されます。

✔ 「値／テキスト」の内容が、リンクした注記ボックスに表示されます。

　検図者、承認者、各日付の「値／テキスト」に入力する文字列はここでは任意でかまいません。

⑩ 「OK」をクリックしプロパティを閉じます。

6 図面のプロパティを表題欄にリンクする

✔ 新しく作成した図面のプロパティを表題欄にリンクするため、シートフォーマット編集に入ります。

① ＜シートフォーマット＞タブの「シートフォーマット編集」コマンドをクリック。

② 「シートフォーマット編集」に入りました。

③ 「承認」の注記ボックスをクリック。

④ テキストフォーマットの「プロパティへリンク」をクリック。

⑤ ダイアログボックスが現れます。

✔ リンクをする参照先を選択します。ここでは図面ドキュメントのプロパティをリンクします。

⑥ 「現在のドキュメント」が選択されているのを確認します。

⑦ 「プロパティ名」のプルダウンメニューから「承認者」を選択します。

❗ リンクしている注記ボックスに「承認者」と入ります。

⑧ 「OK」をクリック。

⑨ 枠の外でクリックし選択を解除します。

⑩ 図面ドキュメントのプロパティとリンクできました。

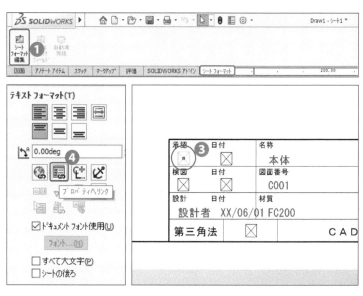

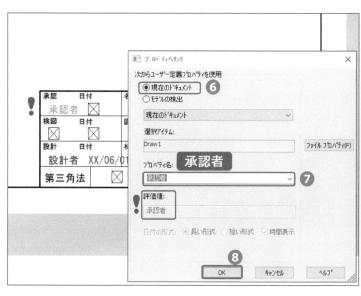

⑪ 同様の手順で図の注記ボックスにプロパティをリンクします。

❶承認日
❷検図者
❸検図日

✔ 表題欄に図面のユーザー定義プロパティのリンクができました。

✔ 第三角法の右の注記ボックスに尺度をリンクします。

⑫ 「尺度」の注記ボックスをクリック。

⑬ テキストフォーマットの「プロパティへリンク」をクリック。

⑭ ダイアログボックスが現れます。

⑮ リンクをする参照先を選択します。

⑯ 「現在のドキュメント」が選択されているのを確認します。

⑰ 「プロパティ名」にプルダウンをクリックし「SW-シートスケール(Sheet Scale)」をクリック。

✔ プロパティ名に「SW」がついているものはSOLIDWORKS特有のプロパティです。尺度はシートプロパティのシートスケールを参照しています。

⑱ 「OK」をクリック。

⑲ 枠の外でクリックし選択を解除します。

⑳ 現在の図面ドキュメントのシートの尺度とリンクできました。

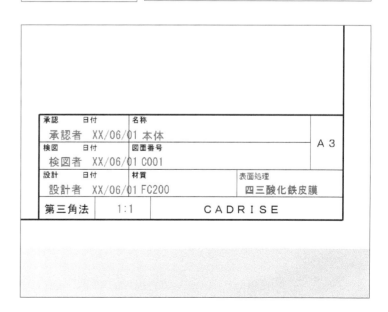

7 注記ボックスの サイズを変更する

❶ Ctrlキーを押しながら図に示す 6箇所の注記ボックスをクリック。

❷ 文字をダブルクリック。

❸ サイズを「8」ポイントに変更します。

❹ 枠の外でクリックし選択を解除します。

❺ 文字のサイズが変更できました。

❻ 表題欄が完成しました。

✔ **表題欄をブロックとして登録しておくと用紙サイズの異なる図枠を作成する際に役立ちます。 ブロックの登録方法は次ページで解説しています。**

✔ **シートフォーマット編集を終了します。**

❼ 右上の確認コーナーの「シートフォーマット編集終了」をクリック。

❽ 「図面シート編集」に戻りました。

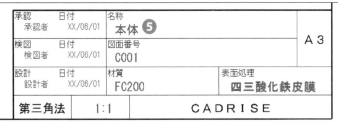

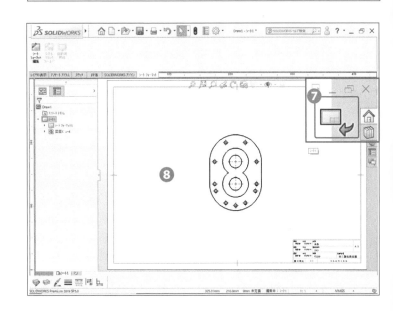

8 ビューを削除する

✔ **参照に使用したビューは不要なので削除します。**

❶ ビューを選択してDeleteキーを押します。

❷ ダイアログボックスが現れます。

❸ 「はい」をクリック。

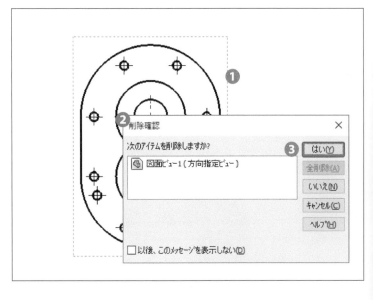

④ ビューが削除できました。

⑤ テンプレートが完成しました。

✔ 次項で図面ドキュメントをテンプレートとして保存します。ファイルはこのままの状態で次に進みます。

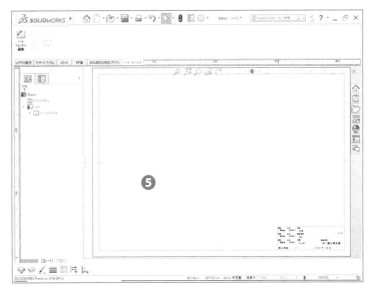

ブロックの作成

選択した要素を1つのかたまりとして登録して使用することができます。

表題欄のブロックを作成するにはシートフォーマット編集に入り操作を行います。

●ブロック作成

<アノテートアイテム>タブの「ブロック」の▼から「ブロック作成」コマンドをクリック。

ブロックにしたい要素を選択します。

「レイアウトスケッチブロック」にチェックを入れます。

図の矢印をドラッグで移動し、ブロックの基点を指定します。

「OK」をクリックするとブロックが作成できます。

※ツリーにブロックが登録されたことが確認できます。

●ブロックの保存

ツリーのブロックを右クリックします。

「ブロックの保存」をクリックするとブロックをファイルとして保存できます。

ファイルとして保存すると、ブロックを作成したドキュメント以外でもブロックが使用できるようになります。

●ブロックの挿入

作成したブロックは「ブロック」の「ブロックの挿入」コマンドから配置できます。

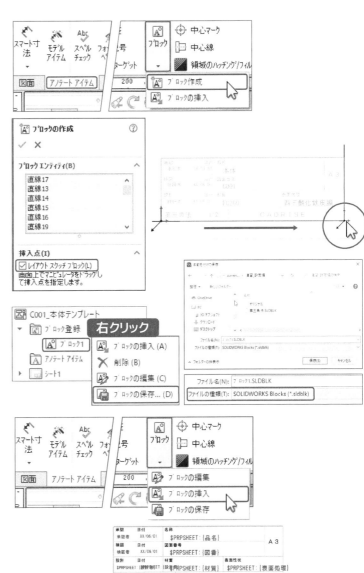

06

図面テンプレートを保存する

作成した図面の設定を、「テンプレート」として保存します。またシートフォーマット編集で作成した図枠は「シートフォーマット」として保存しておきます。

図面テンプレートとシートフォーマット

図面テンプレートとはあらかじめ必要な設定をした図面ドキュメントの雛形です。

図面テンプレートにはオプションのドキュメントプロパティの設定内容を保存できます。

また、図面テンプレート、図面ドキュメントの中で作成した図枠などの様式はシートフォーマットとして保存しておくことができます。

シートフォーマットとは、表題欄や輪郭など「シートフォーマット編集」で作成した図枠の様式のことで、その部分をシートフォーマットのファイル形式で書き出し保存することができます。

保存したシートフォーマットは、図面ドキュメントのシートプロパティから呼び出してセットすることができるので、会社独自の図枠などは、シートフォーマットとして保存しておくと便利です。

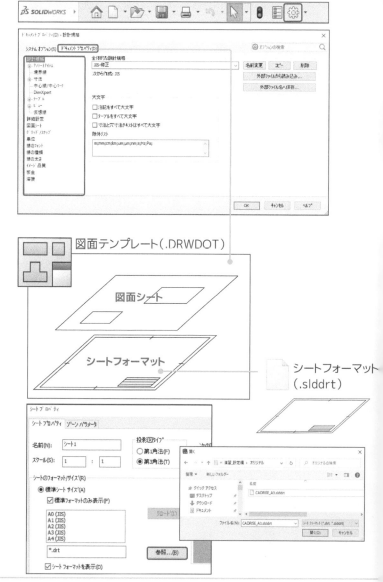

1 図面テンプレートを保存する

✔ 図面テンプレートとして保存します。保存する前に表示を整えます。

❶ ウィンドウにフィットをクリック。

❷ <図面>タブをクリック。

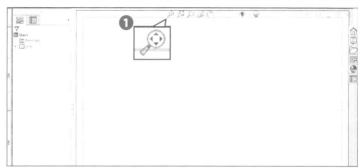

❸ メニューバーの「指定保存」をクリック。

❹ ファイルの種類を「図面テンプレート(.drwdot)」に変更します。

✔ SOLIDWORKSのデフォルトのテンプレート用システムフォルダが表示されています。

❺ 保存先を指定します。

　デスクトップ>zumentraining>演習_設定編>オリジナル

❻ ファイル名に「CADRISE-A3」と入力して「保存」をクリック。

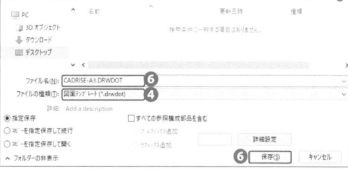

❼ 図面テンプレートが保存できました。

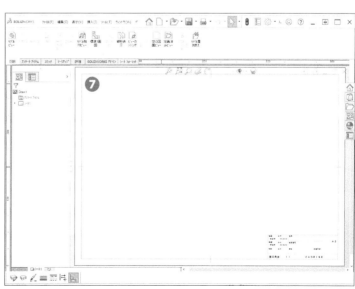

2 シートフォーマットを保存する

❶ メニューバーの「ファイル」をクリック。

❷ 「図面シートフォーマットの保存」をクリック。

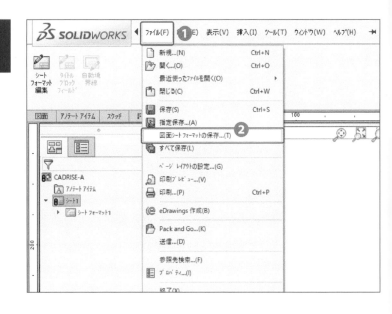

✔ SOLIDWORKSのデフォルトのシートフォーマット用システムフォルダが表示されています。

❸ 保存先を指定します。

デスクトップ>zumentraining>演習_設定編>オリジナル

❹ ファイル名に「CADRISE-A3」と入力して「保存」をクリック。

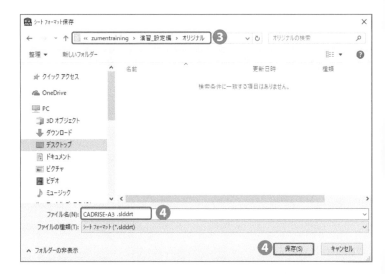

❺ シートフォーマットが保存できました。

❻ 「×」をクリックし図面テンプレートを閉じます。

❼ テンプレート作成に使用した「本体.SLDPRT」も保存せずに閉じます。

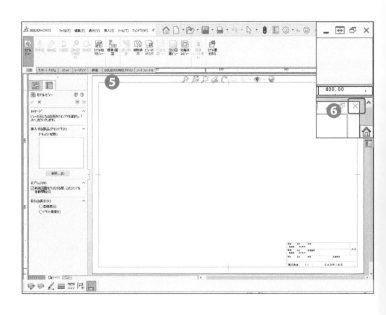

07

テンプレートの参照先を追加する

新しいドキュメントを作成するときに、オリジナルテンプレートを選択できるように、システムオプションで、テンプレートの参照先を指定します。「新規ドキュメントの作成」で、「アドバンス表示」にすると、オリジナルテンプレートのフォルダが参照できるようになります。

Chapter 6

1 ドキュメントテンプレートの参照先を追加する

✔ ドキュメントテンプレートの参照先に、作成した図面テンプレートの保存先へのパスを追加します。

❶ メニューバーの「オプション」をクリック。

✔ ドキュメントを閉じている状態ではシステムオプションのみが設定できます。

❷ <システムオプション>タブの「ファイルの検索」をクリック。

❸ 「次のフォルダを表示」で「ドキュメントテンプレート」を選択します。

✔ 新規ドキュメントを作成する際に使用するテンプレートの参照先が確認できます。

✔ 「06図面テンプレートを保存する」で作成した図面テンプレートの保存先へのパスを追加します。

❹ 「追加」をクリック。

❺ 図面テンプレートを保存したフォルダを選択します。

デスクトップ>zumentraining>
演習_設定編>オリジナル

❻ 「フォルダーの選択」をクリック。

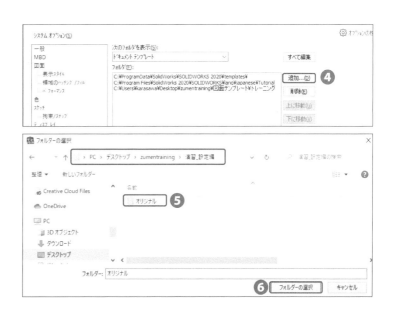

! C:\Users\ユーザー名\Desktop\
　 zumentraining\演習_設定編\
　 オリジナル

❼ 「OK」をクリック。

✔ アラートメッセージが現れたら「は
　 い」をクリックします。また、PCの管
　 理権限によりメッセージが異なり
　 ます。

✔ テンプレートのパスが追加できま
　 した。

2 追加された図面テンプレートを確認する

❶ メニューバーの「新規」をクリック。

! ビギナー表示になっている場合
　 は、「アドバンス」表示にすると追
　 加した参照先フォルダがタブで
　 表示されます。

❷ 「オリジナル」タブをクリック。

❸ 「CADRISE-A3」を選択して
　 「OK」をクリック。

❹ 新しく図面ドキュメントが開きま
　 した。

✔ 新しく作成した図面テンプレート
　 が確認できました。

08

部品表のテンプレートを作成する

図面に挿入する部品表や要目表などを、テーブルテンプレートとして
保存しておきます。ここでは部品表テンプレートを作成します。

Chapter 6

---

1 部品表を挿入する

✔ 作成した図面テンプレート「オリジ
ナル」>「CADRISE-A3」が新規
で開いている状態か確認します。

✔ 「部品表」テンプレートを作成す
るために、部品を配置しておく必
要があります。

❶ <図面>タブの「モデルビュー」コ
マンドをクリック。

❷ 「参照」をクリック。

❸ 「演習_設定編」フォルダの部品
ドキュメント「本体.SLDPRT」を
選択して「開く」をクリック。

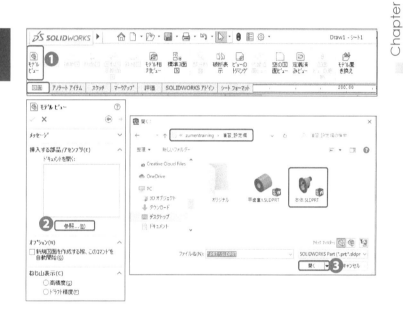

❹ ポインタを動かして図に示す位置
（任意）でクリック。

❺ 「OK」をクリックし、コマンド
を解除します。

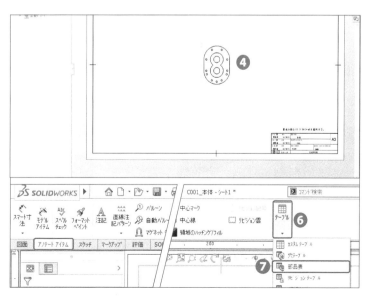

❻ <アノテートアイテム>タブの
「テーブル」の▼をクリック。

❼ 「部品表」コマンドをクリック。

⑧ 参照元となるビューをクリック。

⑨ 「テーブルテンプレート」に「bom-standard」が選択されていることを確認します。

⑩ 「ドキュメント設定を使用」にチェックを入れます。

⑪ ✓ 「OK」をクリック。

⑫ ポインタを動かすと部品表が現れます。

⑬ 図枠の中でクリックし配置します。

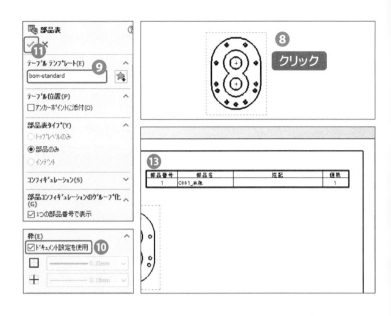

---

2 列を追加する

① 部品表にポインタを載せると、位置によって形が変化します。

② D欄の矢印が出るところで右クリック。

③ メニューの「挿入」をクリックし「列を左へ」をクリック。

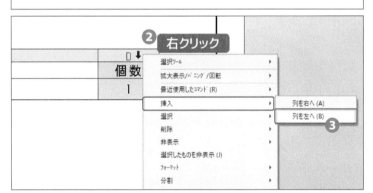

④ 新しい列が追加されました。

⑤ ダイアログボックスが現れます。

⑥ 列タイプを「ユーザー定義プロパティ」にします。

⑦ プロパティ名で「材質」を選択。

⑧ 材質の列が追加できました。

! 演習モデルの「ユーザー定義プロパティ」にはあらかじめ情報を登録してあります。

⑨ 枠の外でクリックし選択を解除します。

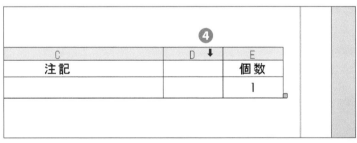

Chapter 6

3 項目を変更する

✔ 「部品名」の項目を「図番」に変更します。

❶ B欄の矢印が出るところでダブルクリック。

❷ ダイアログボックスが現れます。

❸ 列タイプを「ユーザー定義プロパティ」にします。

❹ プロパティ名に「図番」を選択します。

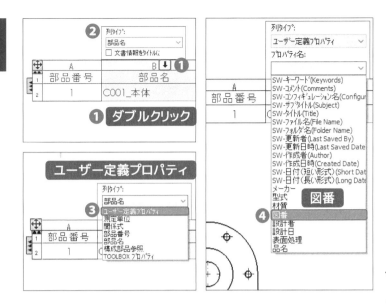

❺ 項目が「図番」になりました。

❻ 枠の外でクリックし選択を解除します。

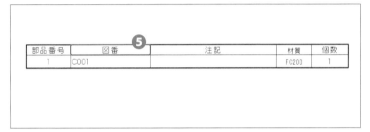

❼ 同様に「注記」の項目を「品名」に変更します。

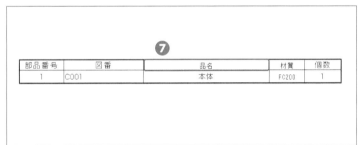

4 文字を中央揃えにする

❶ 表にポインタを合わせて左上の十字の矢印をクリック。

❷ 表全体が選択されます。

❸ ツールバーの「中央揃え」をクリック。

❹ 文字が中央揃えになりました。

❺ 枠の外でクリックし選択を解除します。

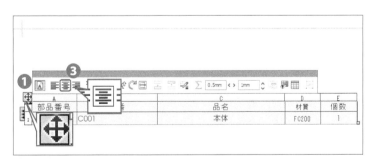

5 フォントを変更する

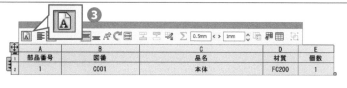

✔ **異なるフォントが混在しているので揃えます。**

① 表にポインタを合わせて左上の十字の矢印をクリックし表全体を選択状態にします。

② 「ドキュメントのフォントを使用」をクリックしてオフにします。

③ 再び「ドキュメントのフォントを使用」をクリックしてオンにします。

④ 部品表のすべてのフォントがドキュメントで指定しているフォントになりました。

⑤ 枠の外でクリックし選択を解除します。

6 部品表の配置を整える

✔ **表の列幅を調整します。**

① E欄の矢印が出るところでクリック。

✔ **列が選択された状態になります。**

② E列の上で右クリック。

③ メニューの「フォーマット」をクリックし「列幅」をクリック。

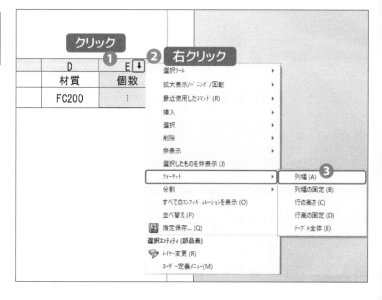

④ 列幅に「15」と入力し、「OK」をクリック。

⑤ 「個数」の列幅が変更できました。

⑥ 同様にC列、D列の幅を変更します。

C列（品名）　列幅：52mm

D列（材質）　列幅：25mm

⑦ Escキーで選択を解除します。

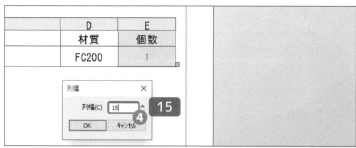

✓ A列とB列の幅を変更します。

⑧ Ctrlキーを押しながらA列とB列を矢印の出るところでクリックし、右クリック。

⑨ メニューの「フォーマット」をクリックし「列幅」をクリック。

⑩ 列幅に「20」と入力し、「OK」をクリック。

⑪ A列とB列が同じ幅になりました。

⑫ 部品表の雛形が作成できました。

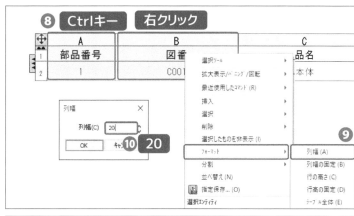

部品番号	図番	品名	材質	個数
1	C001	本体	FC200	1

7 部品表をテンプレートとして保存する

❶ 表にポインタを合わせて右クリック。

❷ メニューの「指定保存」をクリック。

❸ ダイアログボックスが現れます。

❹ 保存先をzumentraining>演習_設定編にします。

❺ ファイルの種類が部品表のテンプレートを示すTemplate(*.sldbomtbt)であることを確認します。

❻ ファイル名に「bom-original」と入力します。

❼ 「保存」をクリック。

❽ 部品表がテンプレートとして保存できました。

09 要目表のテンプレートを作成する

歯形	
モジュール	
圧力角	
歯数	
基準円直径	

要目表テンプレートを作成します。要目表は「カスタムテーブル」を利用して作成します。

1 表を挿入する

❶ <アノテートアイテム>タブの「テーブル」の▼をクリック。

❷ 「カスタムテーブル」コマンドをクリック。

✔ 図のように設定します。

❸ 「テーブルサイズ」

　列: 2　行: 5

❹ 「枠」　外枠: 0.35mm

❺ 「OK」をクリック。図枠の中でクリックし、表を配置します。

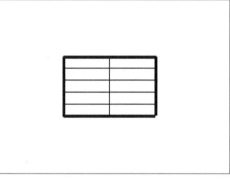

2 表に項目を記入する

❶ 左上のA1のセルをクリック。

❷ 「歯形」と入力します。

❸ A2のセルに「モジュール」と入力します。

❹ 他の項目も図のように入力します。

　A3のセル: 圧力角

　A4のセル: 歯数

　A5のセル: 基準円直径

❷ 歯形	
❸ モジュール	
❹ 圧力角	
❹ 歯数	
❹ 基準円直径	

3 要目表のセルの大きさを整える

❶ 表にポインタを合わせて左上の十字矢印を右クリック。

❷ メニューの「フォーマット」をクリックし「テーブル全体」をクリック。

❸ ダイアログボックスが現れます。

❹ 列幅を「30mm」、行の高さを「8mm」に変更します。

❺ 「OK」をクリック。

❻ 要目表が作成できました。

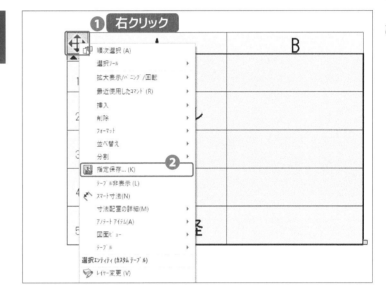

歯形	
モジュール	
圧力角	
歯数	
基準円直径	

4 要目表をテンプレートとして保存する

❶ 表にポインタを合わせて右クリック。

❷ メニューの「指定保存」をクリック。

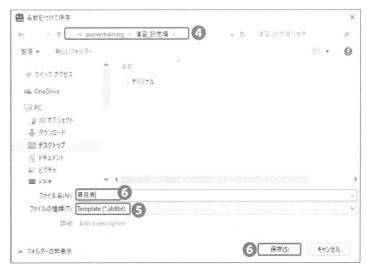

❸ ダイアログボックスが現れます。

❹ 保存先をzumentraining>演習_設定編にします。

❺ ファイルの種類がカスタムテーブルのテンプレートを示すTemplate(*.sldtbt)であることを確認します。

❻ ファイル名に「要目表」と入力して「保存」をクリック。

❼ 要目表をテンプレートとして保存できました。

リビジョンテーブルのテンプレートを作成する

リビジョンテーブルのテンプレートを作成します。リビジョンテーブルの場合は、配置場所や行の追加についても設定しておきます。

Chapter 6

1 リビジョンテーブルを挿入する

1 ＜アノテートアイテム＞タブの「テーブル」の▼をクリック。

2 「リビジョンテーブル」をクリック。

3 「テーブルテンプレート」コマンドの ⭐ をクリック。

4 「no zone column」を選択し開きます。

5 「リビジョン記号」の形状に「三角形」を選択します。

6 ✓ 「OK」をクリック。

7 図面にリビジョンテーブルが配置できました。

✔ **自動的に図枠の右上に配置されます。**

8 表にポインタを合わせ、左上の十字の矢印をクリック。

9 表全体が選択されます。

10 「枠」の外枠を「0.35mm」に変更します。

11 表の外でクリックし選択を解除します。

12 外枠の太さが変更できました。

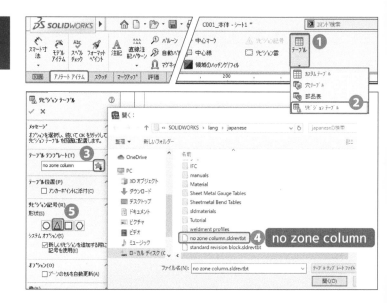

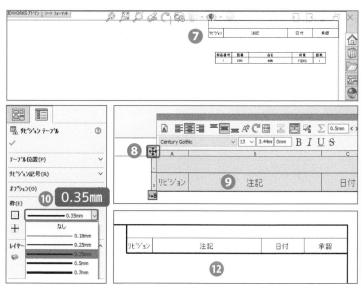

2 テーブルの固定コーナーを変更する

✔ リビジョンテーブルは改訂のたびに行数が増えていきます。行が上下どちらに追加されていくかを指定するため、テーブルの位置を固定させます。

❶ 表にポインタを合わせ、左上の十字の矢印をクリック。

❷ 表全体が選択されます。

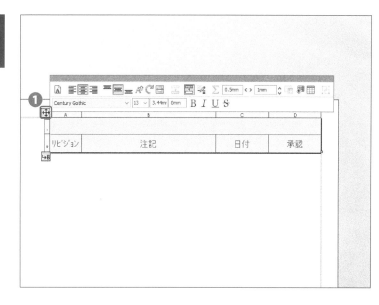

❸ 「テーブル位置」の「固定コーナー」に「左下」を選択します。

✔ リビジョンテーブルを図枠の左下隅に配置することを想定しています。

❹ 枠の外でクリックし選択を解除します。

❺ 固定コーナーが変更できました。

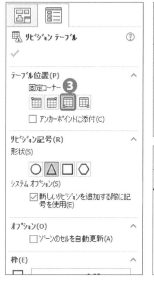

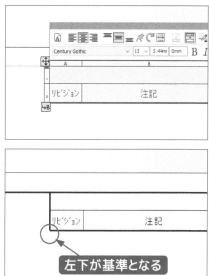

左下が基準となる

3 テーブルの基準行を下部に変更する

❶ リビジョンテーブルをクリック。

❷ ツールバーの「テーブルの上部のヘッダー」をクリック。

❸ テーブルの基準行が下部になり列が上に追加されるようになりました。

✔ テーブルのヘッダーを非表示にします。

④ リビジョンテーブルをポイントして行選択の左下にある「収納マーク」をクリック。

⑤ ヘッダーを非表示にできました。

⑥ 枠の外でクリックし選択を解除します。

---

4 テーブルのセルの大きさを整える

① 表にポインタを合わせ、左上の十字の矢印を右クリック。

② メニューの「フォーマット」をクリックし「行の高さ」をクリック。

③ ダイアログボックスが現れます。

④ 行の高さを「8mm」に変更します。

⑤ 「OK」をクリック。

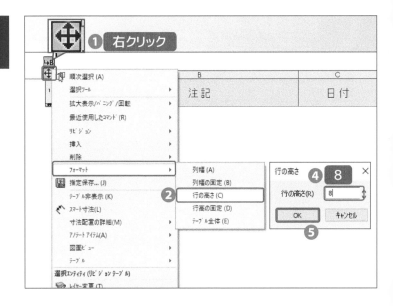

---

5 フォントを変更する

① 表にポインタを合わせて左上の十字の矢印をクリックし表全体を選択状態にします。

② 「ドキュメントのフォントを使用」をクリックしてオンにします。

③ フォントがドキュメントで指定しているフォントになりました。

④ 枠の外でクリックし選択を解除します。

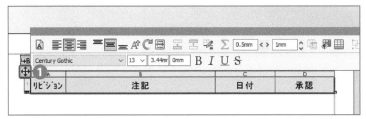

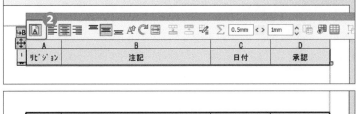

6 リビジョンテーブルを テンプレートとして 保存する

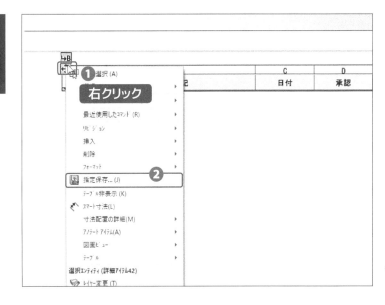

❶ 表にポインタを合わせて右クリック。

❷ メニューの「指定保存」をクリック。

❸ ダイアログボックスが現れます。

❹ 保存先をzumentraining>演習_ 設定編にします。

❺ ファイルの種類がリビジョン テーブルのテンプレートを示す Template(*.sldrevtbt)である ことを確認します。

❻ ファイル名に「リビジョンテーブル」 と入力して「保存」をクリック。

❼ リビジョンテーブルをテンプレー トとして保存できました。

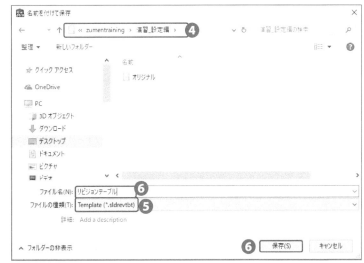

SOLIDWORKSのファイル拡張子

SOLIDWORKSではドキュメントやテ ンプレート、テーブル類などさまざま な種類のファイルを扱います。

これらのファイルは、ファイル拡張子 で区別されています。

ドキュメント	
部品ドキュメント	.sldprt
アセンブリドキュメント	.sldasm
図面ドキュメント	.slddrw
ドキュメントテンプレート	
部品テンプレート	.prtdot
アセンブリテンプレート	.asmdot
図面テンプレート	.drwdot
図面関係各種ファイル	
シートフォーマット	.slddrt
部品表	.sldbomtbt
リビジョンテーブル	.sldrevtbt
カスタムテーブル	.sldtbt

11 デザインライブラリの活用

デザインライブラリには、使用頻度の高い部品、アセンブリなどのデータを登録しておくことができ、それらはドラッグ&ドロップでドキュメント内に配置して利用することができます。ここでは、よく使われる注記とスケッチブロックを登録します。

1 デザインライブラリを開く

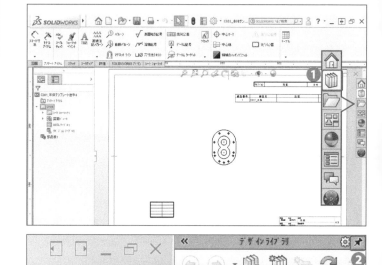

❶ タスクパネルの「デザインライブラリ」をクリック。

❷ 自動表示のピンをクリック。

✔ SOLIDWORKSでは開閉式のパネルに、このようなピンが用意されています。

✔ ピンをクリックして留めておくとパネルが固定されて連続して操作ができます。

2 デザインライブラリにフォルダを作成する

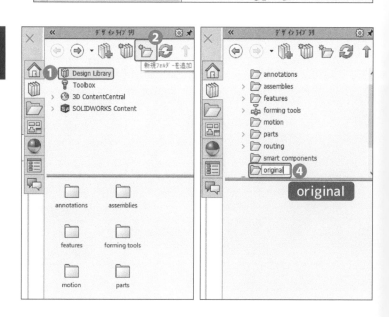

❶ 「Design Library」フォルダをクリック。

❷ 「新規フォルダーを追加」をクリック。

❸ 「Design Library」フォルダに新しくフォルダが追加できます。

❹ フォルダ名に「original」と入力します。

❺ 枠の外でクリックし選択を解除します。

❻ フォルダが追加できました。

3 デザインライブラリに登録する注記を作成する

❶ <アノテートアイテム>タブの「注記」コマンドをクリック。

❷ 図に示す位置でクリック。

❸ 「普通公差はJIS B 0419-mKを適用する。」と入力します。

❹ 文字枠の外でクリックし選択を解除します。

Escキーで選択を解除します。

❺ 登録する注記が作成できました。

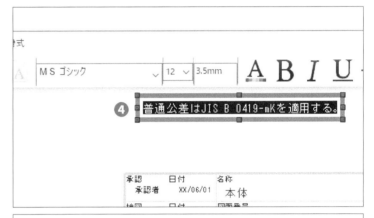

❺ 普通公差はJIS B 0419-mKを適用する。

4 デザインライブラリへ登録する[注記]

✔ 作成した注記をデザインライブラリに登録します。

❶ デザインライブラリの「ライブラリに追加」をクリック。

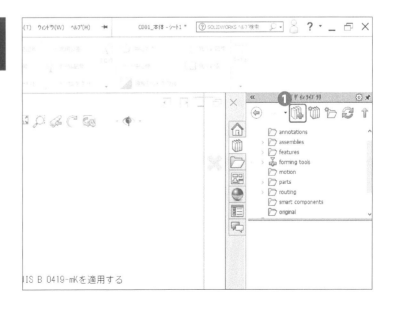

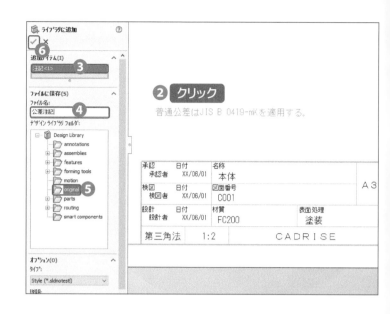

2 登録する注記をクリック。

3 プロパティの「追加アイテム」に
追加されます。

4 ファイル名に「公差注記」と入力
します。

5 保存先に「original」フォルダを
選択します。

6 ✓ 「OK」をクリック。

7 デザインライブラリに登録がで
きました。

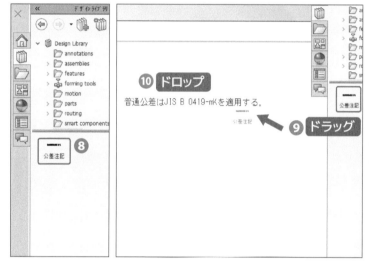

✔ **登録されたことを確認します。**

8 「orignal」フォルダに「公差注記」
のファイルが追加されています。

9 「公差注記」ファイルをドラッグし
ます。

10 図の位置でドロップします。

11 Escキーで選択を解除します。

12 注記が登録されたことが確認で
きました。

---

5 スケッチブロックを挿入する

✔ **あらかじめ作成してあるスケッチ
ブロックを使用します。**

1 <アノテートアイテム>タブの「ブ
ロック」コマンドをクリック。

2 「ブロックの挿入」をクリック。

3 「参照」をクリック。

④ デスクトップ>zumentraining>演習
 _設定編>第三角法.SLDBLKのブ
 ロックファイルを選択します。

⑤ 「開く」をクリック。

⑥ 図枠内の空いている箇所にクリッ
 クし配置します。

⑦ ✔ 「OK」をクリック。

6 デザインライブラリへ登録する [スケッチブロック]

① デザインライブラリの「ライブラ
 リに追加」をクリック。

② 挿入したスケッチブロックをク
 リック。

③ ファイル名に「第三角法」と入力
 します。

④ 保存先に「original」フォルダを
 選択します。

⑤ ✔ 「OK」をクリック。

⑥ デザインライブラリに登録がで
 きました。

✔ **登録されたことを確認します。**

❼ 「orignal」フォルダに「第三角法」のファイルが追加されています。

❽ 「第三角法」ファイルをドラッグします。

❾ 図の位置でドロップします。

❿ Escキーで選択を解除します。

⓫ スケッチブロックが登録されたことが確認できました。

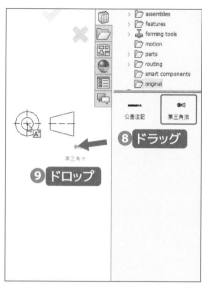

✔ **登録に使用したこちらのドキュメントは不要ですので保存せずにドキュメントを終了します。**

⓬ グラフィックス領域の右上の「閉じる」ボタンをクリック。

⓭ ダイアログボックスが現れます。

⓮ 「保存しない」をクリック。

⓯ ドキュメントが閉じました。

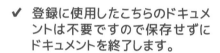
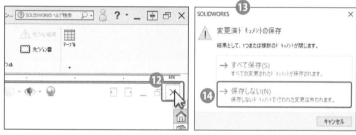

7 デザインライブラリを閉じる

❶ デザインライブラリの自動表示のピンをクリックし、パネルの固定を解除します。

❷ デザインライブラリの枠の外をクリック。

❸ デザインライブラリが閉じました。

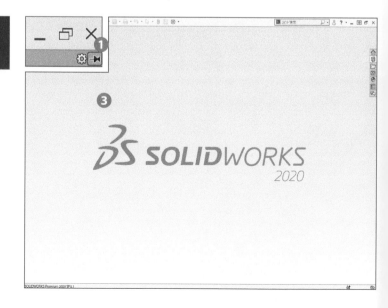

12

図枠を編集する

オリジナルテンプレートに注記やブロックを挿入したものを、オリジナルテンプレートの改訂版として保存します。

1 デザインライブラリから注記を挿入する

❶ メニューバーの「新規」をクリック。

❷ 「オリジナル」タブの「CADRISE-A3」を選択して開きます。

❸ 「CADRISE-A3」のテンプレートが開きました。

❹ 「キャンセル」をクリックし「モデルビュー」コマンドを解除します。

✔ デザインライブラリに登録した注記を挿入します。

❺ <シートフォーマット>タブの「シートフォーマット編集」コマンドをクリック。

❻ タスクパネルの「デザインライブラリ」をクリック。

❼ 自動表示のピンをクリックしパネルを固定をしておきます。

❽ 「Design Library」の▶をクリック。

❾ 「original」フォルダをダブルクリック。

❿ 「公差注記」をドラッグ。

⓫ 表題欄の上でドロップして配置します。

⓬ Escキーで選択を解除します。

⓭ デザインライブラリに登録した注記を挿入できました。

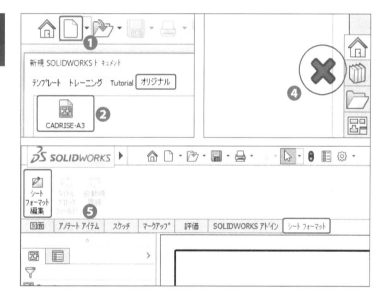

2 デザインライブラリ からブロックを挿入する

✔ 投影法の文字を記号に変更します。

❶ 表題欄の左下の「第三角法」の文字をクリック。

❷ Deleteキーで削除します。

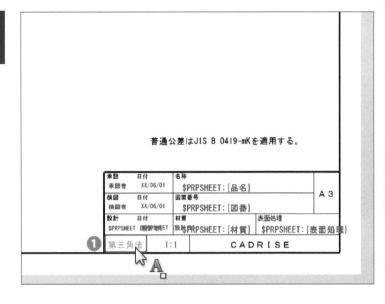

❸ デザインライブラリから、登録した「第三角法」をドラッグ。

❹ 表題欄の左下の欄でドロップして配置します。

❺ ✔ 「OK」をクリック。

❻ Escキーで選択を解除します。

❼ デザインライブラリの自動表示のピンをクリックしパネルの固定を解除します。

❽ デザインライブラリに登録したスケッチブロックを挿入することができました。

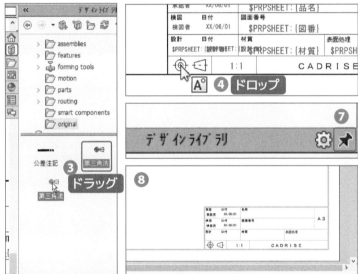

❾ 右上の確認コーナーから「シートフォーマット編集終了」をクリック。

❿ 「図面シート編集」に戻りました。

⓫ <図面>タブをクリックし、アクティブにします。

⓬ 「ウィンドウにフィット」をクリックして図面の表示を整えます。

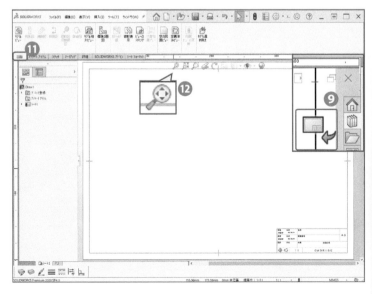

3 図面テンプレートを保存する

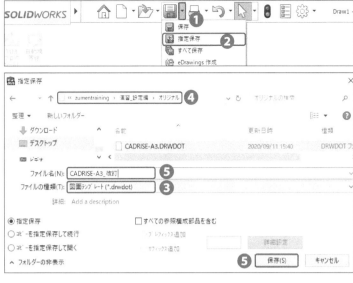

✔ 図面テンプレートに名前をつけて保存します。

❶ メニューバーの「保存」の▼をクリック。

❷ 「指定保存」をクリック。

❸ ファイルの種類を「図面テンプレート(.drwdot)」に変更します。

❹ 保存先を
デスクトップ>zumentraining>
演習_設定編>オリジナルにします。

❺ ファイル名に「CADRISE-A3_改訂」と入力して「保存」をクリック。

4 図枠を保存する

✔ 注記と第三角法の記号を追加したので図面シートフォーマットを保存します。

❶ メニューバーの「ファイル」をクリック。

❷ 「図面シートフォーマットの保存」をクリック。

✔ デフォルトではSOILDWORKSのシートフォーマット用のシステムフォルダが表示されます。

❸ 保存先を
デスクトップ>zumentraining>
演習_設定編>オリジナルにします。

❹ ファイル名に「CADRISE-A3_改訂」と入力して「保存」をクリック。

❺ シートフォーマットが保存ができました。

❻ 「×」をクリックしてテンプレートを閉じます。

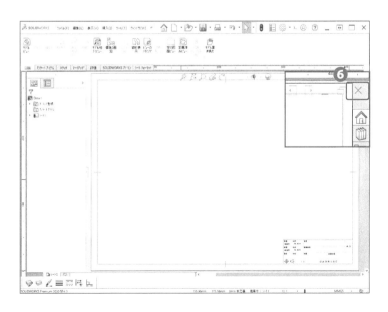

13

サンプル図面を作成する

オリジナルテンプレートを使って、部品表、要目表、リビジョンテーブルを使用したサンプル図面を作成します。

1 部品表を挿入する

✓ **サンプル図面に使用するモデルのビューを配置します。**

❶ オリジナルテンプレート

 「CADRISE-A3改訂」を新規で開きます。

✓ 「モデルビュー」コマンドが起動しています。

❷ 「参照」をクリック。

❸ デスクトップ>zumentraining>演習_設定編>平歯車1.SLDPRTを選択し「開く」をクリック。

❹ 図に示す位置でクリック。

❺ ✔ 「OK」をクリック。

✓ **テンプレート保存をした部品表を挿入します。**

❻ <アノテートアイテム>タブの「テーブル」の▼をクリック。

❼ 「部品表」コマンドをクリック。

❽ 参照元となるビューをクリック。

✓ テーブルテンプレートが「bom original」になっているのを確認して手順⓬へ進みます。別のテンプレートの場合は手順❾へ進みテンプレートを指定します。

❾ 「テーブルテンプレート」のアイコンをクリック。

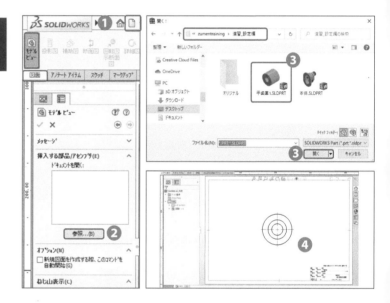

⑩ デスクトップ>zumentraining>
演習_設定編>bom-original.
sldbomtbtを選択し「開く」をク
リック。

⑪ テーブルテンプレートが選択でき
ました。

⑫ 「OK」をクリック。

⑬ 図枠内にポインタを動かすと部
品表が現れます。

⑭ 図枠の右上にスナップさせてク
リック。

⑮ 部品表が挿入できました。

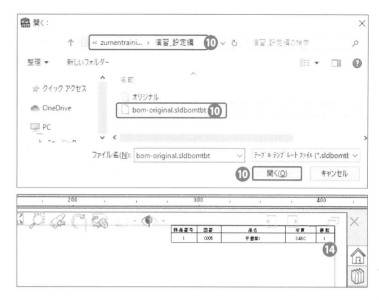

2 要目表を挿入する

✔ **テンプレート保存をした要目表を
挿入します。**

❶ <アノテートアイテム>タブの
「テーブル」の▼をクリック。

❷ 「カスタムテーブル」コマンドをク
リック。

❸ 「テーブルテンプレート」のアイコ
ンをクリック。

❹ デスクトップ>zumentraining>演
習_設定編>要目表.sldtbtを選
択し「開く」をクリック。

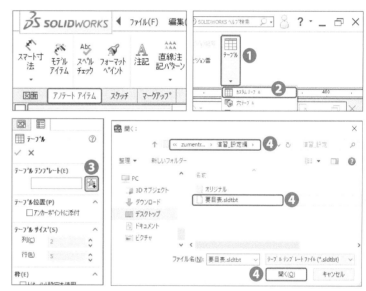

❺ テーブルテンプレートが選択で
きました。

❻ 「OK」をクリック。

❼ 図面内にポインタを動かすと要
目表が現れます。

❽ 図の位置でクリック。

❾ 要目表が挿入できました。

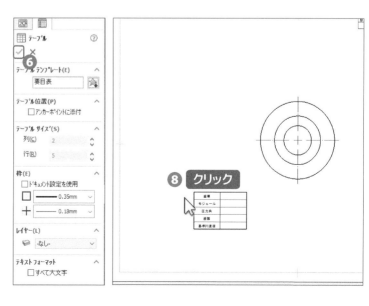

3 リビジョンテーブルを挿入する

✔ テンプレート保存をしたリビジョンテーブルを挿入します。

❶ <アノテートアイテム>タブの「テーブル」の▼をクリック。

❷ 「リビジョンテーブル」コマンドをクリック。

❸ 「テーブルテンプレート」のアイコンをクリック。

❹ デスクトップ>zumentraining>演習_設定編>リビジョンテーブル.sldrevtbtを選択し「開く」をクリック。

❺ 「リビジョン記号」に「三角形」を選択します。

❻ 「OK」をクリック。

❼ リビジョンテーブルが挿入できました。

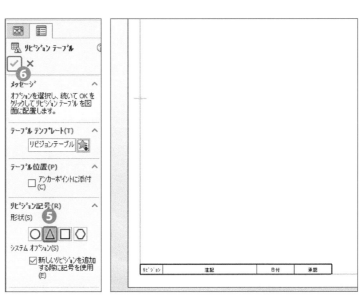

4 モデルのプロパティを変更する

✔ モデルのプロパティに変更を加えてリビジョンを追加します。

✔ 挿入したビューから部品ドキュメントを開きます。

❶ ビューを右クリック。

❷ コンテキストツールバーから「部品を開く」をクリック。

❸ アラートメッセージがでたら「OK」をクリック。

❹ 平歯車1の部品ドキュメントが開きました。

- ✔ **部品のプロパティを変更します。**

- ⑤ メニューバーの「ファイルのプロパティ」をクリック。

- ⑥ ダイアログボックスが現れます。

- ⑦ 「ユーザー定義」タブをクリック。

- ✔ **設定されているプロパティが確認できます。**

- ⑧ 材質を「SUS304」に変更します。

- ⑨ 表面処理を「-（半角でマイナス）」に変更します。

- ⑩ 「OK」をクリック。

- ⑪ プロパティを閉じます。

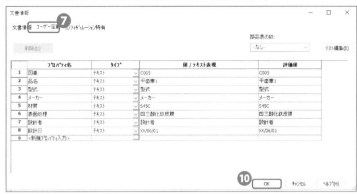

- ✔ **ウィンドウを切り替え図面ドキュメントに戻ります。**

- ⑫ メニューバーの「ウインドウ」をクリック。

- ⑬ 「平歯車1-シート1」の図面ドキュメントをクリック。

- ⑭ 図面ドキュメントに戻りました。

- ⑮ 表題欄と部品表が更新されているのが確認できます。

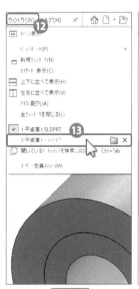

---

5 リビジョンを追加する

- ❶ リビジョンテーブルにポインタを合わせます。

- ❷ 「クリックしてリビジョンを追加」をクリック。

- ❸ リビジョンテーブルに行が追加されてリビジョン記号を配置できるようになります。

- ✔ **ポインタにリビジョン記号がついてきます。**

- ✔ **リビジョン記号を追加します。**

- ❹ 材質の欄の図の位置でクリック。

- ❺ 表面処理の欄の図の位置でクリック。

- ❻ Escキーでコマンドを解除します。

- ❼ リビジョン記号が追加できました。

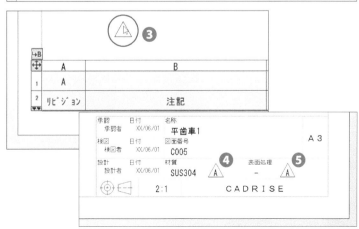

6 リビジョンテーブルを編集する

① リビジョンテーブルの「B1」のセルをクリック。

② 「材質、表面処理変更」と入力します。

③ 「D1」のセルをクリック。

④ 「承認者」と入力します。

✓ 日付はリビジョンを追加した日が自動入力されます。変更したい場合はダブルクリックで編集できます。

⑤ 「A1」のセルをクリック。

⑥ 「A」→数字の「1」を入力して変更します。

⑦ 枠の外でクリックし選択を解除します。

✓ 表題欄に配置した、リビジョン記号も「1」と更新されています。

⑧ リビジョンテーブルが編集できました。

⑨ 作成したオリジナルの各テンプレートを挿入した、サンプル図面が完成しました。

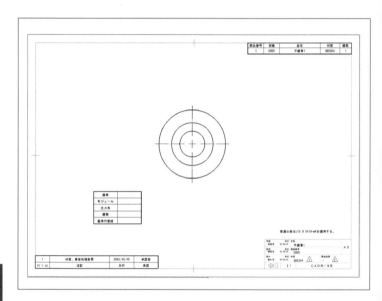

7 サンプル図面を保存する

① メニューバーの「保存」の▼をクリック。

② 「指定保存」をクリック。

③ ファイルの種類に「図面(.drw;.slddrw)」を選択します。

④ 保存先をzumentraining>演習_設定編にします。

⑤ ファイル名に「サンプル図面」と入力して「保存」をクリックします。

⑥ アラートメッセージがでたら「保存」をクリック。

⑦ アラートメッセージがでたら「すべて保存」をクリック。

左側余白: Chapter 6

❽ サンプル図面が保存できました。

✔ オリジナルテンプレートを使いサンプル図面の作成ができました。

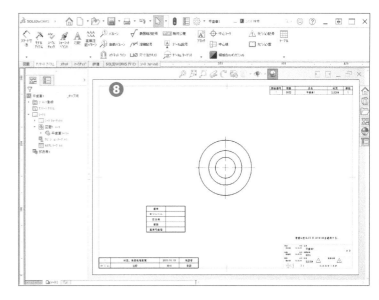

プロパティの編集

演習用モデル「歯車ポンプ」
（zumentraining>演習_歯車ポンプ）
には、あらかじめプロパティの設定がしてあります。Chapter3～5で作成した図面の表題欄の各項目は、モデルのプロパティと図面のプロパティを参照しています。

設計者・設計日はモデルのプロパティを、承認者・検図者・各日付は図面のプロパティを編集することにより、表題欄の表示を変更することができます。

プロパティを編集して確認してみましょう。

● プロパティの編集

図面ドキュメントのプロパティは、メニューバーの「ファイルプロパティ」をクリックし、ユーザー定義タブの「値/テキスト表現」の欄で編集できます。

表題欄の該当項目に編集した内容が反映されます。

部品ドキュメントのプロパティの編集については、P250参照。

APPD. 承認	DATE	名称 / TITLE			
承認者	XX/06/01	軸1		A3	
CHKD. 検図	DATE	図面番号 / DRAWING NO.			
検図者	XX/06/01	C003			
DSGND. 設計	DATE	材質 / MATERIAL		表面処理 / SURFACE TREATMENT	
設計者	XX/06/01	S45C		四三酸化鉄皮膜	
⊕ ⊏	SCALE 1:1		CADRISE		

APPD. 承認	DATE	名称 / TITLE			
牛山	XX/08/26	軸1		A3	
CHKD. 検図	DATE	図面番号 / DRAWING NO.			
鈴木	XX/08/21	C003			
DSGND. 設計	DATE	材質 / MATERIAL		表面処理 / SURFACE TREATMENT	
寺島	XX/08/1	S45C		四三酸化鉄皮膜	
⊕ ⊏	SCALE 1:1		CADRISE		

テーブルテンプレートの参照先を戻す

各テーブルテンプレートは、直近に使用したテンプレートの保存先を記憶しており、デフォルトの参照先に自動的には戻りません。これを元に戻すために、オプションからデフォルトの参照先を確認して、そこに保存されたファイルを開き直しておきます。

❶「メニューバー」の「オプション」を
クリック。

❷<システムオプション>タブの「ファ
イルの検索」をクリック。

✔ 「ファイルの検索」で指定したド
キュメントのファイルの参照先が
確認できます。

❸「次のフォルダを表示」の▼をク
リック。

❹「部品表のテンプレート」を選択し
ます。

❺「フォルダ」にデフォルトのファイル
の参照先が表示されます。

✔ 表示される場所はインストール
状況により異なります。そのため
この書籍の表示と同じとは限りま
せん。ご使用のSOLIDWORKSの
システムオプションで定義され
ている参照先を確認します。

✔ 参照先パスをテキストコピーする
には「すべて編集」をクリックしま
す。新規パスにカーソルを入れ
「Ctrl+A」でテキストを全選択し
「Ctrl+C」でテキストコピーがで
きます。

❻確認ができたら「OK」をクリックし
ダイアログボックスを閉じます。

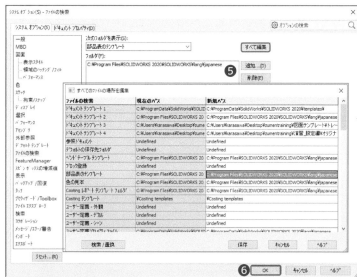

❼<アノテートアイテム>タブの「テー
ブル」の▼をクリック。

❽「部品表」コマンドをクリック。

❾参照元となるビューをクリック。

❿「テーブルテンプレート」の［⭐］を
クリック。

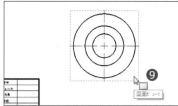

⓫ 先ほど確認したファイルの場所を検索します。

✔ 参照先パスをテキストコピーした場合はアドレスにカーソルを入れ「Ctrl+V」でテキストを貼り付けEnterキーを押すとフォルダの場所になります。

C:\Program Files\SOLIDWORKS 2020\SOLIDWORKS\lang\japanese

⓬ 「bom-standard」を選択して「開く」をクリック。

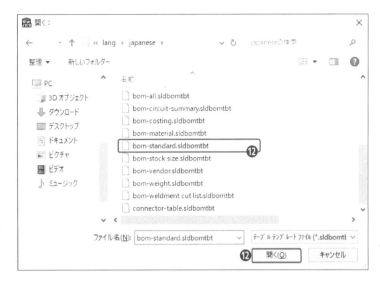

⓭ テーブルテンプレートの名称が「bom-standard」に変更されました。

⓮ 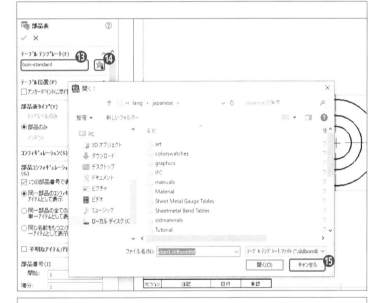 をクリックし、デフォルトの状態になっているか確認します。

⓯ 「キャンセル」をクリック。

⓰ Escキーでコマンドを解除します。

⓱ カスタムテーブルテンプレートとリビジョンテーブルテンプレートについても同様に参照先を元に戻します。

⓲ 参照先に戻したら図面を保存せずに閉じます。

✔ リビジョンテーブルは1つの図面シートにつき、1つだけ挿入できます。すでにリビジョンテーブルが挿入されている図面シートではテーブルからリビジョンテーブルを選択できないので注意してください。

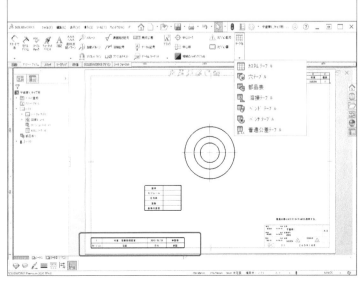

MBD(Model Based Definition)とは、従来2D図面に表現していた材質、公差、表面仕上げ、注記などの製品製造情報(PMI)※を3Dモデルに直接付加することにより、3Dモデルに情報を集約する方法です。

情報の集約により、2D図面を介さずにPMIの管理ができ、加工や検査などの下流製造プロセスにおける自動化などを促進することができます。

SOLIDWORKS MBDは、データム、寸法、公差、表面仕上げ、注記、部品表(BOM)などのPMIを3Dデータに直接付加し、管理するツールです。

SOLIDWORKS MBDは、SOLIDWORKS Standard、Premium、Professional の各ライセンスには含まれていません。別途ライセンスが必要です。

※PMI：Product Manufacturing Informationの略。

●3D図面の作成

3Dモデルに材質、公差、表面仕上げ、注記などの情報を付加したモデルデータです。

3Dモデルと2D図面を行き来することなく、3DモデルだけでPMIの確認が行えます。

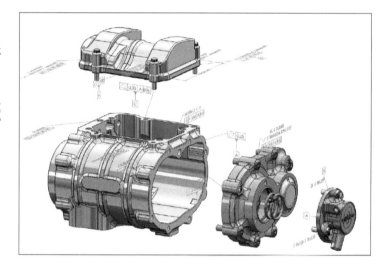

SOLIDWORKSのDimxpertでデータム、寸法、公差などを3Dモデルに直接付加することができます。

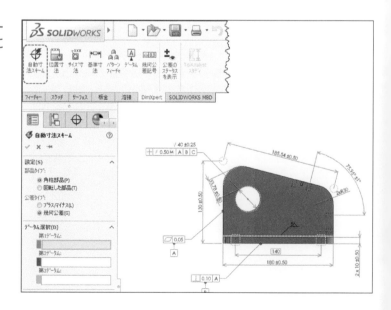

●3Dビューとアノテーション管理

Dimxpertで付加したした寸法や幾何公差、表面性状、注記などの情報は、3次元空間内の閲覧に適した位置に配置できます。また、表示の見やすい向きを3Dビューとして登録して管理できます。

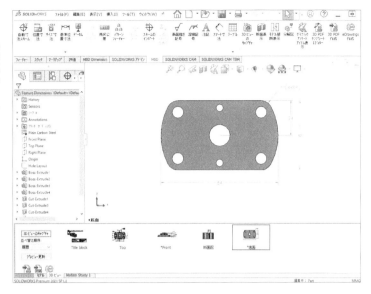

●3Dを活用したコミュニケーション

SOLIDWORKS MBDで作成した3Dモデルから、eDrawingsや3DPDF、STEP242など幅広く普及しているファイル形式でデータを出力することができます。

eDrawingsは設計情報の共有をスムーズに行うための無償のCADビューアーです。

SOLIDWORKSを持っていない部署や社外の方でも3Dモデルを簡単に閲覧でき、情報共有することができます。

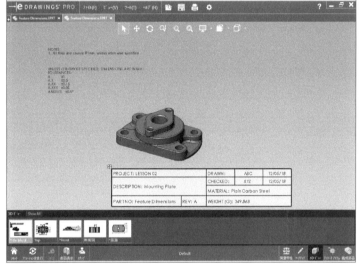

▲eDrawings

アノテーションを付加した3Dモデルを、3DPDF形式で出力することができます。

PDFドキュメントであるため、無償のAdobe Readerで開くことができます。

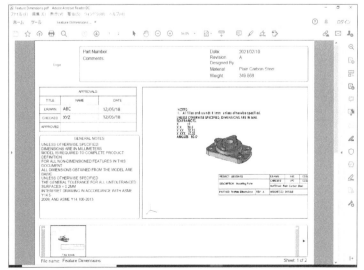

▲3DPDF

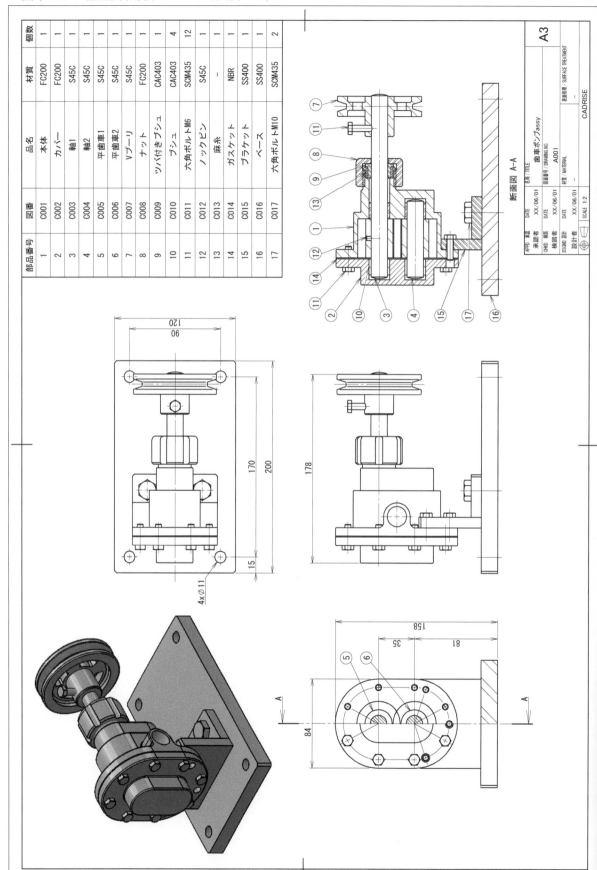

部品番号	図番	品名	材質	個数
1	C001	本体	FC200	1
2	C002	カバー	FC200	1
3	C003	軸1	S45C	1
4	C004	軸2	S45C	1
5	C005	平歯車1	S45C	1
6	C006	平歯車2	S45C	1
7	C007	Vプーリ	FC200	1
8	C008	ナット	FC200	1
9	C009	ツバ付きブッシュ	CAC403	1
10	C010	ブッシュ	CAC403	4
11	C011	六角ボルトM6	SCM435	12
12	C012	ノックピン	S45C	1
13	C013	麻糸	―	1
14	C014	ガスケット	NBR	1
15	C015	ブラケット	SS400	1
16	C016	ベース	SS400	1
17	C017	六角ボルトM10	SCM435	2

断面図 A-A

名称 TITLE　歯車ポンプassy
図面番号 / DRAWING NO.　A001
材質 / MATERIAL　―

APPD 承認　DATE
承認者　DATE　XX/06/01
CHKD 検図　DATE
検図者　DATE　XX/06/01
DSGND 設計　DATE
設計者　DATE　XX/06/01
SCALE 1:2

表面処理 / SURFACE TREATMENT　―

A3

CADRISE

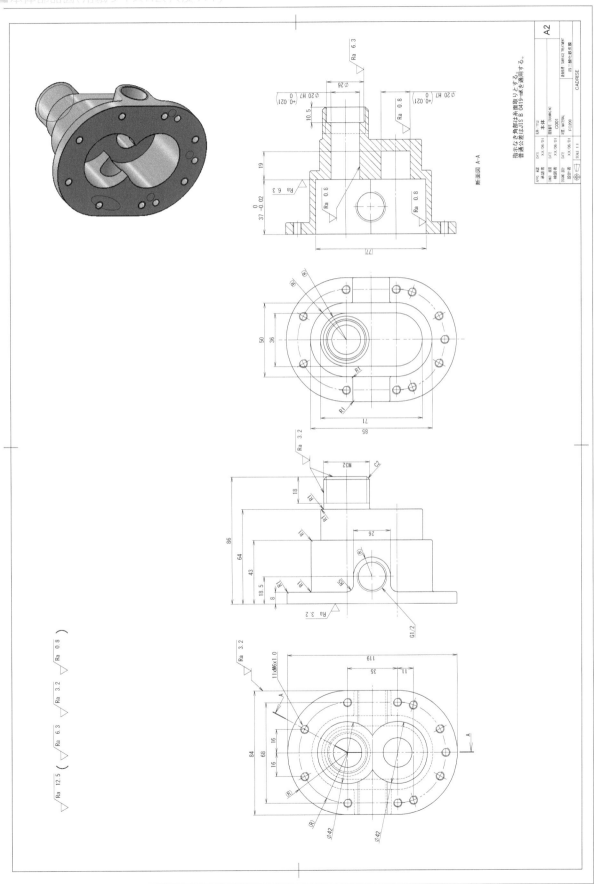

指示なき角部は糸面取りとする。
普通公差はJIS B 0419-mKを適用する。

断面図 A-A

Ra 6.3

Ra 0.8

Ra 0.8

Ra 0.8

Ra 6.3

⌀20 H7 (+0.021 0)

⌀20 H7 (+0.021 0)

⌀26

10.5

37 -0.02 0

19

77

50

36

R1

R1

71

85

Ra 3.2

M32

C2

R1

18

86

64

43

18.5

8

26

R1

R5

R1

R1

G1/2

Ra 3.2

Ra 3.2

11×M6×1.0

119

35

11

84

68

16

16

16

A

A

R1

⌀42

⌀42

Ra 12.5 (Ra 6.3 Ra 3.2 Ra 0.8)

A2

DWG. No. DATE 検図 承認者 X.X.'06.'01

CHKD DATE 検図 X.X.'06.'01

作図者 検図者

E-N TITLE 本体

図面番号 C001 DRAWING No.

材質 MATERIAL FC200

DSGNE DATE 設計 X.X.'06.'01

設計者

熱処理等 SURFACE TREATMENT 四三酸化鉄皮膜

SCALE 1:1

CADRISE

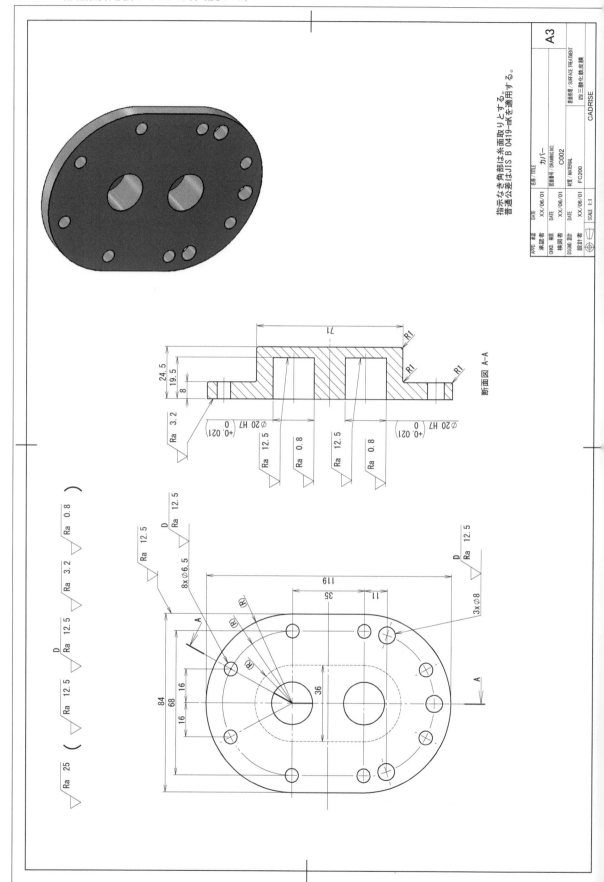

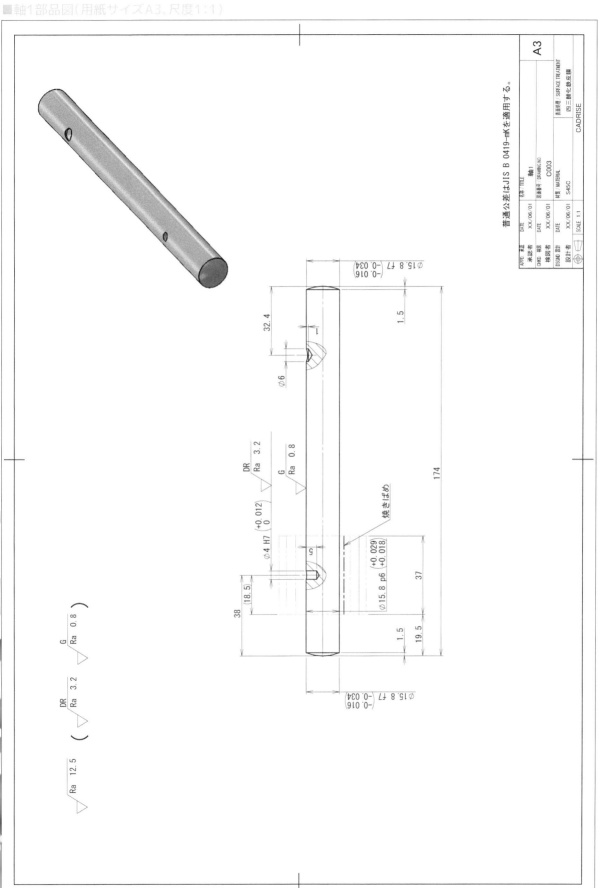

普通公差はJIS B 0419-mKを適用する。

APPD 承認	DATE	
承認者	XX/06/01	名称 TITLE
CHKD 検査	DATE	軸1
検図者	XX/06/01	図番号 (DRAWING NO.)
		C003
DSGND 設計	DATE	材質 MATERIAL
設計者	XX/06/01	S45C

表面処理 SURFACE TREATMENT
四三酸化鉄皮膜

SCALE 1:1

CADRISE

A3

DR
Ra 3.2

G
Ra 0.8

焼きばめ

φ4 H7 $\binom{+0.012}{0}$

φ15.8 p6 $\binom{+0.029}{+0.018}$

φ15.8 f7 $\binom{-0.016}{-0.034}$

φ15.8 f7 $\binom{-0.016}{-0.034}$

φ6

32.4

1.5

1

174

37

19.5

1.5

38

(18.5)

5

Ra 12.5

(DR Ra 3.2   G Ra 0.8)

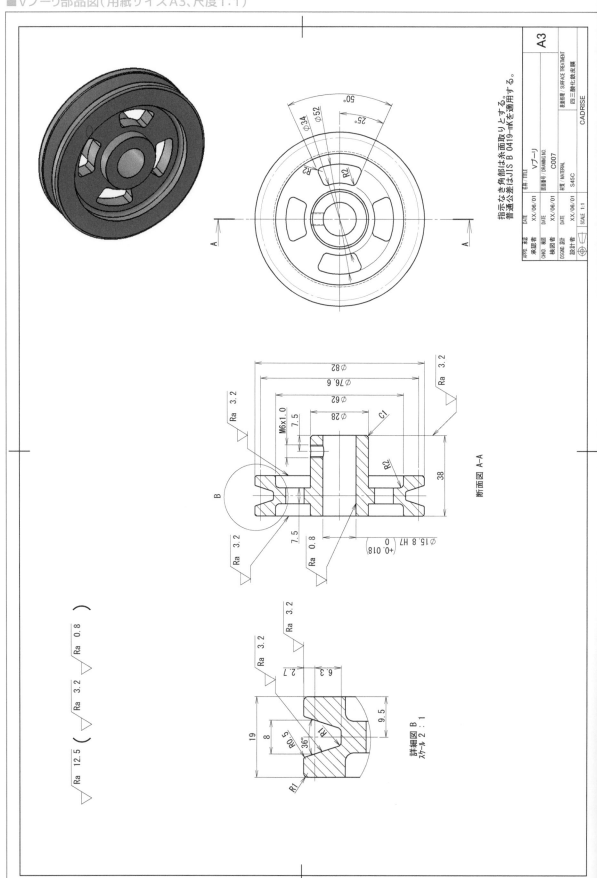

指示なき角部は糸面取りとする。
普通公差はJIS B 0419-mKを適用する。

			名称 / TITLE	Vプーリ		A3
APPD 承認	DATE XX/06/01					
CHKD 検図	DATE XX/06/01	図面番号 / DRAWING NO.	C007			
検図者		材質 / MATERIAL				
DSGND 設計	DATE XX/06/01	S45C		表面処理 / SURFACE TREATMENT		
設計者	SCALE 1:1			四三酸化鉄皮膜		
				CADRISE		

断面図 A-A

φ82
φ76.6
φ62
φ28
M6x1.0
7.5
7.5
C1
R2
R2
38
15.8 H7 ($\,^{+0.018}_{0}$)
Ra 3.2
Ra 3.2
Ra 0.8
B

詳細図 B
スケール 2 : 1

Ra 3.2
Ra 3.2
19
8
R0.5
36°
R1
R1
2.7
6.3
9.5

$\sqrt{}$ Ra 12.5 ($\sqrt{}$ Ra 3.2 $\sqrt{}$ Ra 0.8)

φ34
φ52
50°
25°
R2
R2

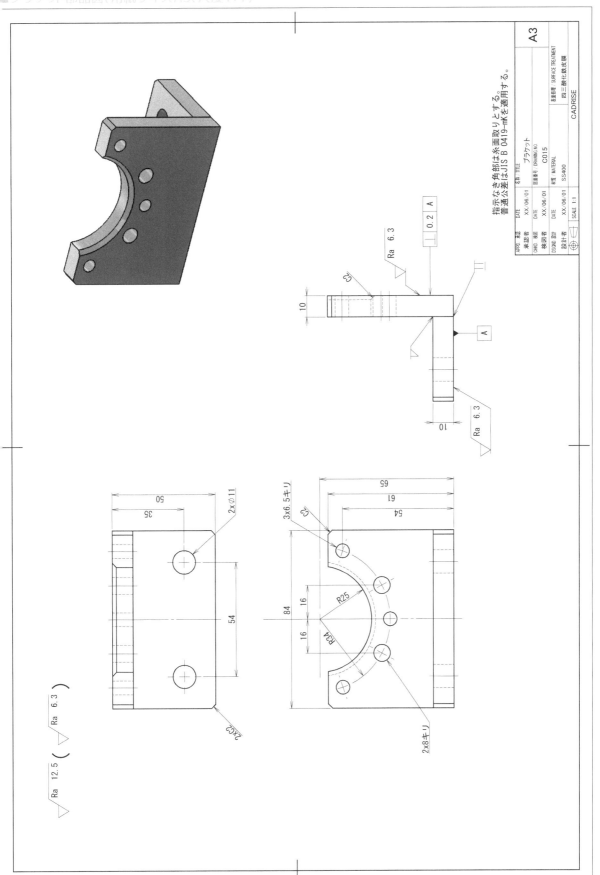

指示なき角部は糸面取りとする。
普通公差はJIS B 0419-mKを適用する。

APPD 承認	DATE XX/06/01	名称 TITLE ブラケット
CHKD 検図	DATE XX/06/01	図番号 DRAWING NO. C015
DSGND 設計	DATE XX/06/01	材質 MATERIAL SS400
承認者		表面処理 SURFACE TREATMENT
検図者		四三酸化鉄皮膜
設計者	SCALE 1:1	CADRISE

A3

Ra 6.3

⊥ 0.2 A

C2

10

10

A

Ra 6.3

Ra 6.3

50
35
2×⌀11

54

2×C2

Ra 12.5 (Ra 6.3)

65
61
54
3×6.5キリ
C2

84
16
16
R25
R34

2×8キリ

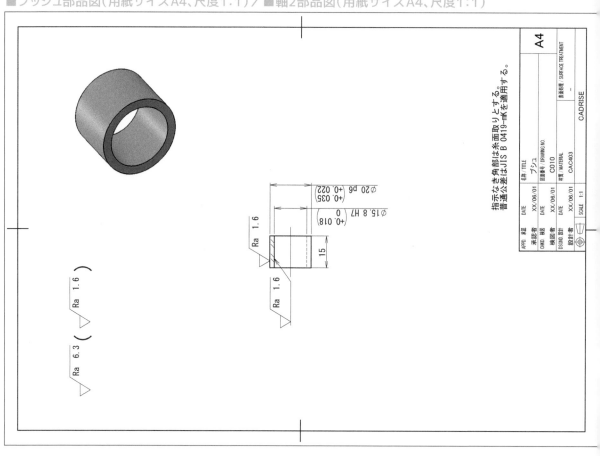

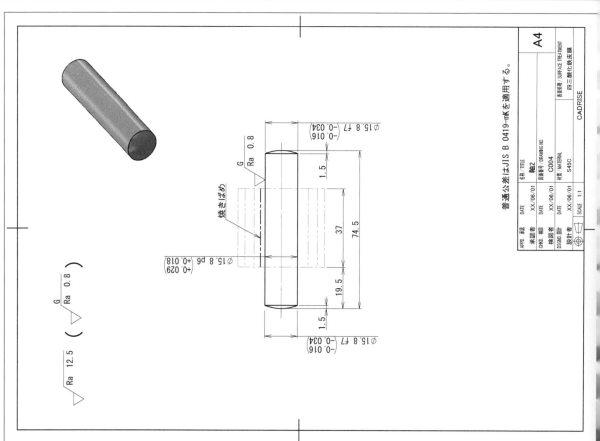

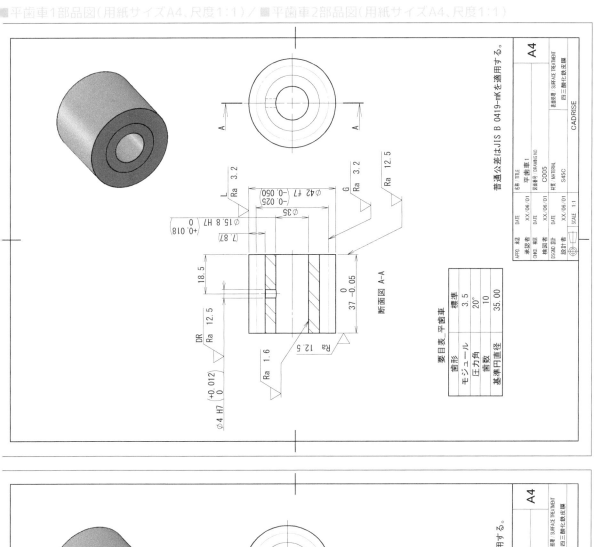

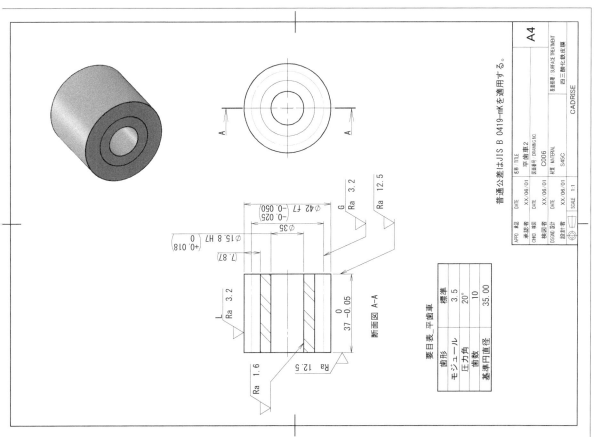

265

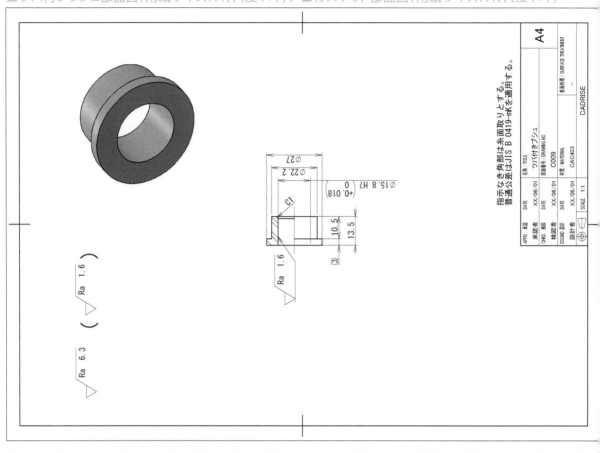

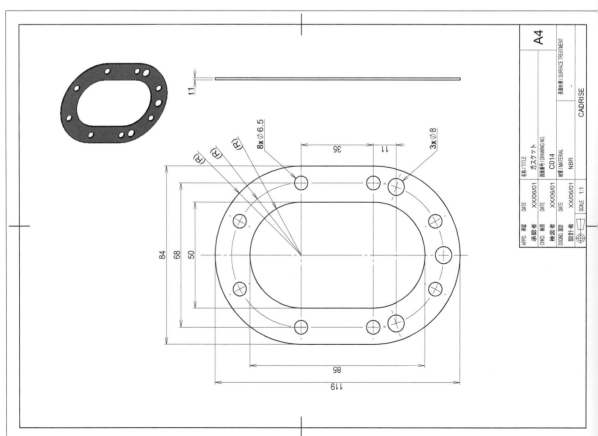

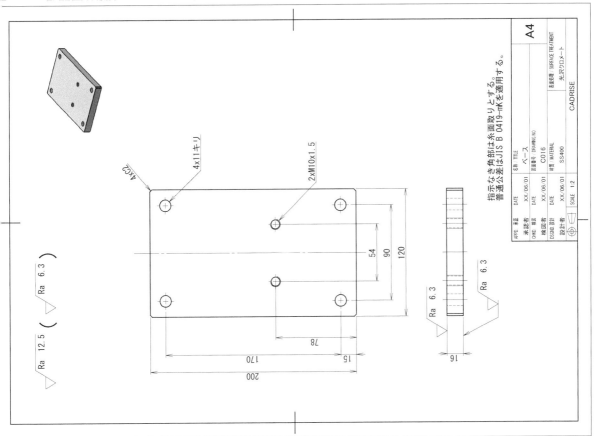

指示なき角部は糸面取りとする。
普通公差はJIS B 0419-mKを適用する。

4x11キリ

2xM10x1.5

4xC2

Ra 12.5 (Ra 6.3)

Ra 6.3

Ra 6.3

54
90
120
78
15
170
200
16

APPD	表面	DATE		
承認者		X.X./06/01		
CHKD	描画	DATE		
検図者		X.X./06/01		表面処理 SURFACE TREATMENT
DSGND 設計		DATE		光沢クロメート
設計者		X.X./06/01		

名称 TITLE ベース
図番号 DRAWING NO C016
材質 MATERIAL SS400
SCALE 1:2
CADRISE
A4

索引

読者限定特典のご案内

動画ポイント解説

ビューを作成するのに便利なコマンドについて、各コマンドごとに作成方法を動画で解説しています。

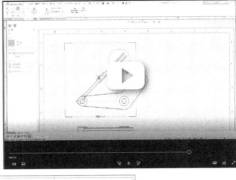

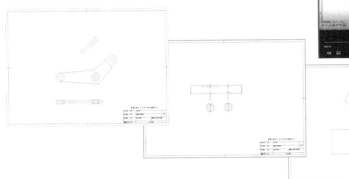

読者限定特典の動画を視聴するためには「無料メールセミナー」への登録が必要です。
無料メールセミナーではSOLIDWORKSの操作方法も学べますので、この機会にぜひ登録ください。

CADRISE　無料メールセミナーとは

SOLIDWORKS 習得メールセミナー

CADRISEが配信する『SOLIDWORKS習得メールセミナー』の全4タイトルを無料で受講できます。
SOLIDWORKS習得のステップアップに適した、知って役立つ「便利な機能」や「操作のコツ」を習得用課題のモデル作成を通してお伝えします。

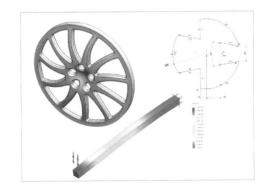

▶▶ ご利用方法

読者限定特典、SOLIDWORKS習得メールセミナーを利用するためにはCADRISEのサイトにアクセスし、トップページより「無料メールセミナー」に登録ください。
登録されたメールアドレスにパスワード、ダウンロードページのURL、SOLIDWORKSの便利な機能や操作のコツをお届けいたします。

※掲載した特典、無料メールセミナーは予告なく変更、あるいは中止になる場合があります。

CADRISE　https://www.cadrise.jp/　| CADRISE | 検索

【CADRISE websiteとは】
SOLIDWORKSを利用する製造業を支援する設計デザイン会社アドライズのCAD教育部門が提供するサイト。
マニュアルやモデルのダウンロード、セミナー情報などが入手できます。

■編者

CADRISE　https://www.cadrise.jp

アドライズの設計実務で培った技術を活かしたSOLIDWORKSの教育研修や教材開発を行うCADRISE（キャドライズ）。レベルに応じた研修カリキュラムや書籍、DVDなどの教材を豊富に展開しており、全国各地の学校や職業訓練などの教育関係者から評価され、教育現場で広く活用されている。

株式会社アドライズ　https://www.adrise.jp/

産業機械メーカーの設計・開発部門向けに技術サービスを提供する会社。産業機械カバーのプロダクトデザイン、FA設備の機械設計サービスなどを提供する。

■著者

牛山　直樹 （うしやま　なおき）

株式会社アドライズ代表取締役、諏訪東京理科大学非常勤講師

［著書］『よくわかる3次元CADシステム　SOLIDWORKS入門』、同書改訂版

　　　『よくわかる3次元CADシステム　実践SolidWorks』

　　　『3次元CAD　SolidWorks練習帳』

　　　『よくわかるSOLIDWORKS演習 モデリングマスター編』、同書改訂版

　　　『3次元CAD　SolidWorks板金練習帳』

　　　以上、日刊工業新聞社

唐澤　聖　　SOLIDWORKS認定技術者

牛山　祐樹

林　容子

寺島　久美子

村山　久美子

小林　尚子

島　明子

以上、株式会社アドライズ

よくわかる3次元CAD

SOLIDWORKS演習 図面編

2021 年 3 月 31 日　初版第 1 刷発行
2024 年 4 月 26 日　初版第 2 刷発行

Ⓒ 編　者　　CADRISE
　　　　　　　㈱アドライズ

　　発行者　　井水　治博

発行所　　日刊工業新聞社　〒103-8548 東京都中央区日本橋小網町14-1

　　　電　話　03-5644-7490（書籍編集部）

　　　　　　03-5644-7403（販売・管理部）

　　　FAX　03-5644-7400

　　振替口座　00190-2-186076番

　　URL　https://pub.nikkan.co.jp/

　　e-mail　info_shuppan@nikkan.tech

　　印刷・製本　新日本印刷（POD1）

（定価はカバーに表示してあります）

万一乱丁、落丁などの不良品がございましたらお取り替えいたします。

ISBN978-4-526-08120-0　　NDC501.8

カバーデザイン・志岐デザイン事務所

2021 Printed in Japan